高等院校装备制造大类专业系列教材

液压与气动传动

吴锦虹 陈小芹 主 编

清华大学出版社

北京

内 容 简 介

本书以液压传动为主，气动传动为辅，共包括12章，主要内容包括液压传动概述、液压流体力学基础、液压动力元件、液压执行元件、液压控制阀、液压辅助元件、液压基本回路、典型液压系统、气动技术概述、气动元件、气动基本回路、典型气动系统等。本书配有教学课件、微课视频和动画等教学资源，部分章节后面安排了实验和习题，方便读者在学习知识和技能训练的过程中，初步形成解决液压与气压系统实际问题的综合职业能力和自学能力。

本书可作为高等职业院校机械类及相关专业的教材，也可作为相关专业技术人员的参考书和自学用书。

本书封面贴有清华大学出版社防伪标签，无标签者不得销售。
版权所有，侵权必究。举报：010-62782989，beiqinquan@tup.tsinghua.edu.cn。

图书在版编目(CIP)数据

液压与气动传动/吴锦虹，陈小芹主编.—北京：清华大学出版社，2023.3
高等院校装备制造大类专业系列教材
ISBN 978-7-302-62893-4

Ⅰ.①液… Ⅱ.①吴… ②陈… Ⅲ.①液压传动－高等职业教育－教材 ②气压传动－高等职业教育－教材 Ⅳ.①TH138 ②TH137

中国国家版本馆 CIP 数据核字(2023)第 035316 号

责任编辑：王剑乔
封面设计：刘　键
责任校对：袁　芳
责任印制：朱雨萌

出版发行：清华大学出版社
　　　网　　址：http://www.tup.com.cn，http://www.wqbook.com
　　　地　　址：北京清华大学学研大厦 A 座　　邮　编：100084
　　　社 总 机：010-83470000　　　　　　　　邮　购：010-62786544
　　　投稿与读者服务：010-62776969，c-service@tup.tsinghua.edu.cn
　　　质量反馈：010-62772015，zhiliang@tup.tsinghua.edu.cn
　　　课件下载：http://www.tup.com.cn，010-83470410
印 装 者：天津鑫丰华印务有限公司
经　　销：全国新华书店
开　　本：185mm×260mm　　　印　张：12.5　　　字　数：295 千字
版　　次：2023年3月第1版　　　　　　　　　　印　次：2023年3月第1次印刷
定　　价：49.00 元

产品编号：096283-01

前 言

为适应高职高专教育教学改革的需要,提高学生的动手能力,培养应用技术型人才,我们根据教育部制定的"高职高专技能型人才培养"方案的教学要求,按照高职高专"液压与气动传动"课程标准,结合多年的教学经验编写了本书。本书内容以"必需、够用"为原则,尽量减少对理论知识的推导,重视理论的应用,力求理论联系实际,强化对学生综合职业能力的培养、基础理论知识的创新和整体素质的提高。

本书以液压传动技术为主线,阐明液压与气动技术的基本原理,着重培养学生认知液压与气动元件的能力,阅读、分析液压与气动基本回路的能力,安装、调试、使用、维护液压系统的能力以及诊断和排除液压系统故障的能力。

本书编写具有以下特点。

(1) 执行最新国家标准,按照《流体传动系统及元件 图形符号和回路图 第1部分:图形符号》(GB/T 786.1—2021)对符号、原理图进行绘制,按照《流体传动系统及元件 词汇》(GB/T 17446—2012)对书中的用词和术语进行规范。

(2) 为使学生能更快地进行工程实践,提高学生认知元件的能力,变抽象为直观,增加了一些液压元件的实物外形图。

(3) 考虑到液压和气动传动之间存在较多的共性,为避免不必要的重复,本书对气动技术的相关内容进行了删减。

(4) 以立德树人为宗旨,加入"视野拓展"栏目,介绍我国液压行业先进的设备、专家和工匠等,开阔学生视野,提高学习的积极性,提升学生的民族自信、文化自信,达到素质培养的目标。

学习本书需要机械制图、工程力学、机械设计、电工电子等先行课程的支持。本书适合作为高等职业院校机电一体化专业、机械设计与制造等机电类专业的教材。

本书第1~8章由汕头职业技术学院吴锦虹编写,第9~12章由汕头职业技术学院陈小芹编写,由吴锦虹统稿,由汕头职业技术学院谢志刚主审。

由于编者水平有限,书中难免会有疏漏之处,请广大读者批评、指正。

编 者

2023年1月

目 录

第1章 液压传动概述 1
 1.1 液压传动技术的发展状况 1
 1.2 液压传动的工作原理分析 1
  1.2.1 液压传动的工作原理 1
  1.2.2 液压系统的组成 3
 1.3 液压传动的特点 4
  1.3.1 液压传动的优点 4
  1.3.2 液压传动的缺点 5
 复习与思考 5

第2章 液压流体力学基础 7
 2.1 液压油 7
  2.1.1 液压油的性质 7
  2.1.2 液压油的种类 9
  2.1.3 对液压油的要求及选用 10
 2.2 液体静力学基础 12
  2.2.1 液体静压力及其特性 12
  2.2.2 液体静力学方程 12
  2.2.3 压力的表示方法及单位 13
  2.2.4 静压力对固体壁面的作用力 14
 2.3 液体动力学基础 14
  2.3.1 基本概念 15
  2.3.2 流量连续性方程 16
  2.3.3 伯努利方程 17
 2.4 压力损失 19
 2.5 液压冲击及气穴现象 20
  2.5.1 液压冲击现象 20
  2.5.2 气穴现象 21
 2.6 小孔流量 22
 复习与思考 23

本书配套
教学资源

第3章 液压动力元件 ... 25

3.1 液压泵概述 ... 25
3.1.1 液压泵的工作原理 ... 25
3.1.2 液压泵的主要性能参数 ... 26

3.2 液压泵的分类 ... 28
3.2.1 柱塞泵 ... 28
3.2.2 叶片泵 ... 31
3.2.3 齿轮泵 ... 34

3.3 液压泵的选用 ... 37
实训项目：拆装叶片泵 ... 38
复习与思考 ... 39

第4章 液压执行元件 ... 41

4.1 液压马达 ... 41
4.1.1 液压马达的分类 ... 41
4.1.2 液压马达主要性能参数 ... 42
4.1.3 液压马达的工作原理 ... 43

4.2 液压缸 ... 45
4.2.1 液压缸的类型及特点 ... 45
4.2.2 液压缸的典型结构和组成 ... 49
复习与思考 ... 53

第5章 液压控制阀 ... 56

5.1 方向控制阀 ... 56
5.1.1 单向阀 ... 56
5.1.2 换向阀 ... 58

5.2 压力控制阀 ... 65
5.2.1 溢流阀 ... 65
5.2.2 减压阀 ... 68
5.2.3 顺序阀 ... 70
5.2.4 压力继电器 ... 72
5.2.5 溢流阀、减压阀和顺序阀的比较 ... 73

5.3 流量控制阀 ... 73
5.3.1 节流阀 ... 73
5.3.2 二通流量控制阀（调速阀） ... 75

5.4 叠加阀和插装阀 ... 76
5.4.1 叠加阀 ... 76
5.4.2 插装式锥阀 ... 77

实训项目：拆装溢流阀、减压阀 ………………………………………………… 80
　　复习与思考 ……………………………………………………………………………… 81

第 6 章　液压辅助元件 ……………………………………………………………………… 85

6.1　蓄能器 …………………………………………………………………………………… 85
6.1.1　蓄能器的功用 …………………………………………………………………… 85
6.1.2　蓄能器的类型 …………………………………………………………………… 86
6.1.3　蓄能器的安装及使用 …………………………………………………………… 87
6.2　过滤器 …………………………………………………………………………………… 87
6.2.1　过滤器的主要性能参数 ………………………………………………………… 88
6.2.2　过滤器的类型 …………………………………………………………………… 88
6.2.3　过滤器的选用 …………………………………………………………………… 90
6.2.4　过滤器的安装 …………………………………………………………………… 90
6.3　油箱 ……………………………………………………………………………………… 91
6.3.1　油箱的功用与种类 ……………………………………………………………… 91
6.3.2　油箱的基本结构 ………………………………………………………………… 91
6.4　密封装置 ………………………………………………………………………………… 92
6.4.1　间隙密封 ………………………………………………………………………… 93
6.4.2　密封圈密封 ……………………………………………………………………… 93
6.5　油管与管接头 …………………………………………………………………………… 94
6.5.1　油管 ……………………………………………………………………………… 95
6.5.2　管接头 …………………………………………………………………………… 96
6.6　压力表附件 ……………………………………………………………………………… 99
6.6.1　压力表 …………………………………………………………………………… 99
6.6.2　压力表开关 ……………………………………………………………………… 99
　　复习与思考 ……………………………………………………………………………… 100

第 7 章　液压基本回路 …………………………………………………………………… 101

7.1　方向控制回路 …………………………………………………………………………… 101
7.1.1　换向回路 ………………………………………………………………………… 101
7.1.2　锁紧回路 ………………………………………………………………………… 102
7.2　压力控制回路 …………………………………………………………………………… 102
7.2.1　调压回路 ………………………………………………………………………… 102
7.2.2　减压回路 ………………………………………………………………………… 103
7.2.3　卸荷回路 ………………………………………………………………………… 104
7.2.4　平衡回路 ………………………………………………………………………… 106
7.2.5　卸压回路 ………………………………………………………………………… 107
7.3　速度控制回路 …………………………………………………………………………… 108
7.3.1　调速回路 ………………………………………………………………………… 108

7.3.2　快速回路 …………………………………………………… 111
　　7.3.3　速度换接回路 ……………………………………………… 113
7.4　多缸工作控制回路 …………………………………………………… 114
　　7.4.1　顺序动作回路 ……………………………………………… 114
　　7.4.2　同步回路 …………………………………………………… 116
　　7.4.3　互不干扰回路 ……………………………………………… 117
实训项目：继电器控制的液压回路 ………………………………………… 118
复习与思考 …………………………………………………………………… 120

第8章　典型液压系统 ……………………………………………………… 123

8.1　YT4543型动力滑台液压系统 ………………………………………… 123
　　8.1.1　概述 …………………………………………………………… 123
　　8.1.2　YT4543型动力滑台液压系统的工作原理 …………………… 125
　　8.1.3　YT4543型动力滑台液压系统的特点 ………………………… 126
8.2　数控车床液压系统 …………………………………………………… 127
　　8.2.1　概述 …………………………………………………………… 127
　　8.2.2　MJ-50型数控车床液压系统的工作原理 …………………… 128
　　8.2.3　MJ-50型数控车床液压系统的特点 ………………………… 129
8.3　液压系统的安装与调试 ……………………………………………… 129
　　8.3.1　液压阀的连接 ………………………………………………… 129
　　8.3.2　液压系统的安装 ……………………………………………… 130
　　8.3.3　液压系统的清洗 ……………………………………………… 131
　　8.3.4　液压系统的调试 ……………………………………………… 132
8.4　液压系统的使用与维护 ……………………………………………… 132
　　8.4.1　液压系统使用注意事项 ……………………………………… 133
　　8.4.2　液压设备的维护 ……………………………………………… 133
8.5　液压系统的故障分析与排除 ………………………………………… 133
复习与思考 …………………………………………………………………… 136

第9章　气动技术概述 ……………………………………………………… 138

9.1　气动系统的组成 ……………………………………………………… 138
9.2　气压传动的特点 ……………………………………………………… 141
复习与思考 …………………………………………………………………… 142

第10章　气动元件 ………………………………………………………… 144

10.1　气源装置及气动辅件 ………………………………………………… 144
　　10.1.1　气源装置 …………………………………………………… 144
　　10.1.2　气动辅件 …………………………………………………… 151
10.2　气动控制元件 ………………………………………………………… 153

	10.2.1 方向控制阀	154
	10.2.2 压力控制阀	156
	10.2.3 流量控制阀	160
10.3	气动执行元件	162
	10.3.1 气缸	162
	10.3.2 气马达	164

实训项目：拆装气缸 …………………………………………………………………… 165
复习与思考 ……………………………………………………………………………… 166

第 11 章　气动基本回路 …………………………………………………………………… 168

- 11.1 方向控制回路 …………………………………………………………………… 168
- 11.2 压力控制回路 …………………………………………………………………… 169
- 11.3 速度控制回路 …………………………………………………………………… 171
- 11.4 其他基本回路 …………………………………………………………………… 172
  - 11.4.1 往复动作回路 …………………………………………………………… 172
  - 11.4.2 安全保护回路 …………………………………………………………… 173
  - 11.4.3 计数回路 ………………………………………………………………… 173
  - 11.4.4 增力回路 ………………………………………………………………… 174
  - 11.4.5 冲击回路 ………………………………………………………………… 174
  - 11.4.6 利用节流阀同步回路 …………………………………………………… 175

实训项目：组建气动基本回路 ………………………………………………………… 175
复习与思考 ……………………………………………………………………………… 176

第 12 章　典型气动系统 …………………………………………………………………… 178

- 12.1 气液动力滑台气动系统 ………………………………………………………… 178
- 12.2 机床夹具的气动夹紧系统 ……………………………………………………… 179
- 12.3 数控加工中心气动换刀系统 …………………………………………………… 180
- 12.4 公共汽车车门气动系统 ………………………………………………………… 181
- 12.5 工件尺寸自动分选机 …………………………………………………………… 182

实训项目：继电器控制的气动回路 …………………………………………………… 183

参考文献 …………………………………………………………………………………… 186

第 1 章

液压传动概述

第 1 章微课视频

1.1 液压传动技术的发展状况

1648 年法国物理学家布莱士·帕斯卡提出静压传动原理,1795 年英国制成世界上第一台水压机。然而,在工业上,液压传动直到 20 世纪 30 年代才得到真正的使用推广。

在第二次世界大战期间,战争对反应快、精度高、功率大的液压传动装置的迫切需要推动了液压技术的发展;战后,液压技术迅速转向民用,在机床、工程机械、农业机械、汽车等行业中逐步得到推广。20 世纪 60 年代以后,随着核能技术、空间技术、计算机技术的发展,液压技术也得到了很大发展,并渗透到各个工业领域。当前液压技术正向着高压、高速、大功率、高效率、低噪声、长寿命、高度集成化、复合化、小型化及轻量化等方向发展;同时,新型液压元件和液压系统的计算机辅助设计(CAD)、计算机辅助测试(CAT)、计算机直接控制(CDC)、机电一体化技术、计算机仿真和优化设计技术、可靠技术以及污染控制等方面,也是当前液压技术研究和发展的方向。

我国的液压工业开始于 20 世纪 50 年代,液压元件最初应用于机床和锻压设备,后来被用于拖拉机和工程机械。1964 年,我国从国外引进一批液压元件,同时自行设计液压产品,20 世纪 80 年代以来,我国的液压技术水平有了很大的提高,我国的液压元件生产已从低压到高压形成系列,并在各种机械设备上得到了广泛的应用。

1.2 液压传动的工作原理分析

液压传动是以液体(通常是油液)为工作介质,利用油液压力来实现各种机械传动和控制的一种传动方式。液压传动利用各种元件组成所需要的各种控制回路,再由若干回路组合构成能完成一定控制功能的传动系统,以此进行能量的传递、转换及控制。

1.2.1 液压传动的工作原理

在密闭容器内,施加于静止液体上的压力将以等值同时传到液体中各点,这是帕斯卡定理,也是静压传递原理,它奠定了液压传动的理论基础。

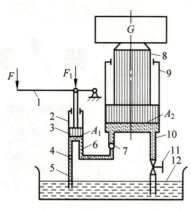

图 1-1　液压千斤顶工作原理

1—杠杆手柄;2—小油缸;3—小活塞;4、7—单向阀;
5—吸油管;6、10—管道;8—大活塞;9—大油缸;
11—截止阀;12—油箱

通过对液压千斤顶工作过程的分析,可以初步了解到液压传动的基本工作原理,如图 1-1 所示。

当抬起杠杆手柄 1 时,小油缸 2 下腔容积增大形成局部真空,油箱 12 中的油液在大气压力的作用下推开单向阀 4,进入并充满小油缸 2 下腔。当压下杠杆手柄 1 时,小油缸 2 下腔容积减小,油液受到挤压,压力升高,迫使单向阀 4 关闭,打开单向阀 7,油液经管道进入大油缸 9 下腔,推动大活塞 8 举起重物 G。反复抬、压杠杆手柄,不断有油液进入大油缸下腔,使重物逐渐上升。如杠杆停止动作,大油缸下腔油液压力将使单向阀 7 关闭,大活塞连同重物一起被自锁不动,停止在举升位置。打开截止阀 11,大油缸下腔通油箱,大活塞在自重作用下下移,恢复到起始位置。

通过对液压千斤顶工作过程的分析,可以看出,液压传动是利用有压力的油液作为传递动力的工作介质。压下杠杆时,小油缸 2 输出压力油,是将机械能转换成油液的压力能,压力油经过管道 6 及单向阀 7,推动大活塞 8 举起重物,是将油液的压力能又转换成机械能。大活塞 8 举升的速度取决于单位时间内流入大油缸 9 中油容积的多少。

由此可见,液压传动是以密闭系统内液体(液压油)的压力能来传递运动和动力的一种传动形式,其过程是先将原动机的机械能转换为便于输送的液体的压力能,再将液体的压力能转换为机械能,从而对外做功,实现运动和动力的传递。

1. 动力的传递

如图 1-1 所示,大小两个油缸由连通管道相连构成密闭容积。其中,大活塞面积为 A_2,作用在活塞上的重物为 G,液体形成的压力为

$$p = G/A_2 \tag{1-1}$$

由帕斯卡定理可知,小活塞处的压力也为 p,若小活塞面积为 A_1,则为防止大活塞下降,在小活塞上应施加的力为

$$F_1 = pA_1 = \frac{A_1}{A_2}G \tag{1-2}$$

在 A_1 和 A_2 一定时,负载 G 越大,液体内的压力 p 就越大,所需的作用力 F_1 也就越大,当大活塞上的负载 $G=0$ 时,不考虑活塞自重和其他阻力,则无论怎样推动小活塞,也不能在液体中形成压力。由此得到液压传动工作原理的第一个重要特征:液压传动中的工作压力取决于外负载。

2. 运动的传递

如果不考虑液体的可压缩性、泄漏以及构件的变形,小油缸排出的液体体积必然等于进

入大油缸的液体体积。设小活塞的位移为 S_1,大活塞的位移为 S_2,则有

$$S_1 A_1 = S_2 A_2 \tag{1-3}$$

式(1-3)同时除以运动时间 t,可得

$$q_1 = v_1 A_1 = v_2 A_2 = q_2 \tag{1-4}$$

式中:v_1 和 v_2 分别为小活塞和大活塞的平均运动速度;q_1 和 q_2 分别为小油缸输出的平均流量和输入大油缸的平均流量。

由此得出液压传动工作原理的第二个重要特征:活塞的运动速度只取决于输入流量的大小,而与外负载无关。

1.2.2 液压系统的组成

磨床工作台液压系统的工作原理如图 1-2 所示。

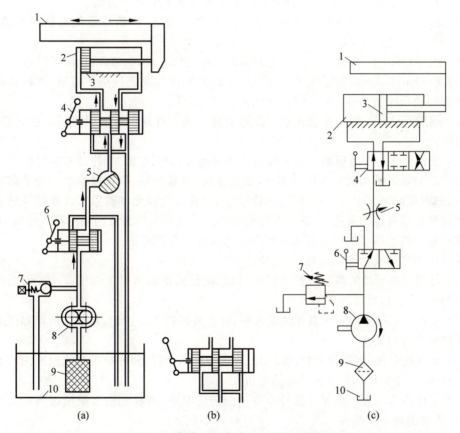

图 1-2 磨床工作台液压系统的工作原理

1—工作台;2—液压缸;3—活塞;4、6—手动换向阀;5—节流阀;7—溢流阀;8—液压泵;9—滤油器;10—油箱

图 1-2(a)所示为磨床工作台液压系统半结构式工作原理图,液压泵 8 在电动机(图中未画出)的带动下旋转,液压泵 8 进口处产生局部真空,油箱 10 中的油液在大气压的驱使下经过滤油器 9 进入液压泵 8 填充局部真空空间,液压泵 8 的机械作用使油液从液压泵的进口流入、从出口流出,获得一定压力的液压油,通过手动换向阀 6、节流阀 5、手动换向阀 4 进入

液压缸 2 的左腔,推动活塞 3 带动工作台 1 向右移动,液压泵 8 右腔的油液经手动换向阀 4 排回油箱。如果手动换向阀 4 换成图 1-2(b)所示的状态,则压力油进入液压缸 2 的右腔,推动工作台 1 向左移动,液压缸左腔的油液经手动换向阀 4 排回油箱。当扳动手动换向阀 6 的手柄,使其阀芯处于左位时,则油液流经手动换向阀 6 直接排回油箱,不再向液压缸 2 供油,此时可扳动手动换向阀 4 的手柄,使其阀芯处于中位,则工作台 1 停止运动。

工作台 1 的运动速度由节流阀 5 来调节,节流阀 5 开大时,进入液压缸 2 的油液增多,工作台的移动速度增大;当节流阀 5 关小时,工作台的移动速度减小。为了克服移动工作台时所受的各种阻力,液压缸必须产生一个足够大的推力,这个推力是由液压缸中的油液压力所产生的。要克服的阻力越大,液压缸中的油液压力越高;反之油液压力就越低。

液压泵排出的多余油液经溢流阀 7 排回油箱。液压泵的最大工作压力由溢流阀 7 调定,其调定值应为液压缸的最大工作压力及系统中油液流经阀和管道的压力损失的总和。因此,系统的工作压力不会超过溢流阀的调定值,溢流阀对系统起着过载保护作用。

从上面的例子可以看出,液压传动系统主要由以下五个部分组成。

(1) 动力元件——将机械能转换为流体压力能的装置,向液压系统提供压力油,如液压泵。

(2) 执行元件——将流体的压力能转换为机械能的元件,如液压缸、液压马达。

(3) 控制元件——控制系统压力、流量、方向的元件以及进行信号转换、逻辑运算和放大等功能的信号控制元件,如溢流阀、节流阀、方向阀等。

(4) 辅助元件——保证系统正常工作除上述三种元件外的装置,如油箱、过滤器、蓄能器、管件等。

(5) 工作介质——液压油。用来传递运动和动力,同时起润滑、冷却和密封作用。

图 1-2(a)是半结构式的工作原理图,直观性强、容易理解,但难以绘制。为了简化原理图的绘制,国家标准(GB/T 786.1—2021)规定了"液压气动元件符号",这些符号只表示元件的职能和连接系统的通路,不表示实际的结构。若液压元件无法用规定符号绘制,允许绘制半结构原理图。图 1-2(c)为磨床工作台液压系统工作原理图。

采用图形符号绘制液压原理图时,要注意以下几点。

(1) 符号均以元件的静态位置或零位(如电磁换向阀断电时工作位置)表示,当组成系统运动另有说明时,可以例外。

(2) 元件符号的方向可按具体情况水平、竖直或反转 180°绘制,但液压油箱和仪表等必须水平绘制且开口向上。

(3) 元件的名称、型号和参数(如压力、流量、功率、管径等)一般在系统原理图的元件明细表中标明,必要时可标注在元件符号旁边。

(4) 元件符号的大小在保持符号本身比例的情况下,可根据图纸幅面适当增大或缩小绘制,以清晰美观为原则。

1.3 液压传动的特点

1.3.1 液压传动的优点

(1) 同其他传动方式比较,传动功率相同时,液压传动装置的重量轻、体积紧凑。液压

第 1 章　液压传动概述

马达的体积和重量只有同等功率电动机的 12% 左右。

(2) 可实现无级调速，调速范围大。调速比可达 2000∶1(一般是 100∶1)，还可以在运行过程中进行调速。

(3) 工作平稳，运动件的惯性小，换向冲击小，响应速度快，容易实现快速启动、制动和频繁换向。

(4) 系统容易实现缓冲吸振，并能自动防止过载。液压缸和液压马达能在长期堵塞状态下工作而不会过热，这是电气传动装置和机械传动装置无法办到的。同时液压件能自行润滑，因此使用寿命长。

(5) 液压传动易于实现自动化，它对液体压力、流量或流动方向易于进行调节或控制。当将液压控制和电气控制、电子控制或气动控制结合起来使用时，整个传动装置能实现很复杂的顺序动作，也能方便地实现远程控制。

(6) 用液压传动实现直线运动远比用机械传动简单。

(7) 由于液压传动是油管连接，所以借助油管的连接可以方便、灵活地布置传动机构，这是比机械传动优越的地方。

(8) 元件已基本上系列化、通用化和标准化，利于 CAD 技术，可提高工作效率，降低成本。

1.3.2　液压传动的缺点

(1) 液压油的可压缩性和泄漏影响负载运动的平稳性和正确性，使液压传动不能保持严格的传动比。

(2) 液压传动系统同时存在压力损失、容积损失和机械损失等，故系统效率较低，不适宜用于远距离传动。

(3) 液压传动对油温变化比较敏感，工作性能易受到温度变化的影响，因此不宜在很高或很低的温度条件下工作。

(4) 为了减少泄漏，液压元件的制造精度要求较高，因而价格较贵，而且对工作介质的污染比较敏感。

(5) 液压传动系统出现故障时不易查找，排除故障较困难，使用和维护成本要求较高。

复习与思考

1. 什么是液压传动？它是怎样实现能量转换的？
2. 液压传动的基本工作原理是怎样的？液压传动的特点是什么？
3. 液压传动的基本组成部分有哪些？各部分的作用是什么？
4. 液压传动的重要特征是什么？

 视野拓展

世界流体力学巨匠周培源

周培源(1902—1993)(图1-3),1902年8月出生于江苏宜兴,1924年毕业于清华学堂(今清华大学前身),后赴美留学,1928年获美国加州理工学院理学博士学位。新中国成立后曾任清华大学教务长、校务委员会副主任,北京大学教务长、副校长和校长,中国科学院副院长,中国科协主席等职务。

图1-3 世界流体力学巨匠周培源

周培源一生有两个主要研究方向,一个是宇宙论,另一个是流体力学湍流理论。他在后者上的成绩尤为突出。他在湍流理论方面进行了长达六十余年的研究,被称为世界当代流体力学的"四位巨人"之一。在1945年受邀参加美国战时科学研究与发展局的研究工作。伴随第二次世界大战的结束,美国海军部成立了海军军工试验站,并希望周培源到该站工作,待遇甚优。但海军部是美国的政府部门,在海军部所属单位任职便成为美国政府的公务员,外籍人员须加入美国籍才能参加。周培源当即向美方提出三个条件:第一,不加入美国籍;第二,只承担临时性的研究任务;第三,可以随时离去。1947年2月,周培源毅然带着妻儿离开美国回到了祖国的怀抱。在他从事高等教育工作的六十多年中,为我国培养了王竹溪、张宗燧、彭桓武、钱三强、何泽慧、何柞麻、王淦昌、李政道、朱光亚等几代知名的力学家和物理学家。"两弹一星"元勋大多是他的学生,有的还是他学生的学生。

作为一名科学家,周培源一直以他那特有的敏锐眼光,执着、科学的态度,推动着中国科学的进步;作为一名教育家,他一直以豁达的胸怀、严谨而细致的精神伴随着中国教育事业的发展;作为一名爱国者,他又以他的实际行动实现"科学救国"的理想。

第 2 章 液压流体力学基础

第 2 章微课视频

2.1 液 压 油

2.1.1 液压油的性质

1. 密度

单位体积某种液压油的质量称为密度,以 ρ 表示,单位为 kg/m^3,即

$$\rho = \frac{m}{V} \tag{2-1}$$

式中:V 为液压油的体积;m 为体积为 V 的液压油的质量。

矿物油的密度随温度和压力的变化而变化,但其变动值很小,在工程应用中可认为液压工作介质的密度不随温度和压力的变化而变化。一般矿物油在 20℃时密度为 850～900kg/m³。

2. 液体的黏性

液体在外力作用下流动时,由于液体分子间的内聚力而产生一种阻碍液体分子之间进行相对运动的内摩擦力,这一特性称为黏性。液体只有在流动时才会呈现黏性,静止的液体是不会呈现黏性的。黏性是液体的重要物理特性,也是选择液压用油的依据,其大小用黏度来衡量。常用的黏度有三种,分别为动力黏度、运动黏度和相对黏度。

液体流动时,由于液体的黏性及液体与固体壁面间的附着力,流动液体内部各层间的速度并不相等。如图 2-1 所示,若两平行平板间充满液体,当上平板以 u_0 相对于静止的下平板向右移动时,由于液体黏性的作用,使紧贴于下平板的液体层的速度

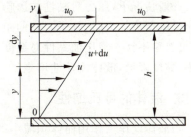

图 2-1 液体黏性示意图

为零,紧贴于上平板的液体层速度为 u_0,而中间各层液体的速度从上到下近似呈线性递减的规律分布。

1)动力黏度 μ

实验测定指出,液体流动时相邻液层之间的内摩擦力 F 与液层间的接触面积 A 和液层

间的相对速度 du 成正比,而与液层间的距离 dy 成反比,即

$$F = \mu A \frac{du}{dy} \tag{2-2}$$

式中:μ 为动力黏度;$\frac{du}{dy}$ 为速度梯度。

如果用单位接触面积上的内摩擦力 τ(剪切力)来表示,则上式可以改写为

$$\tau = \frac{F}{A} = \mu \frac{du}{dy} \tag{2-3}$$

这是牛顿液体的内摩擦定律。

由式(2-3)可得到动力黏度的表达式为

$$\mu = \frac{F}{A \frac{du}{dy}} \tag{2-4}$$

由式(2-4)可知,动力黏度 μ 的物理意义是:当速度梯度 $\frac{du}{dy}=1$ 时,单位面积上的内摩擦力的大小称为动力黏度,也称绝对黏度,其单位是 Pa·S 或 N·s/m²。

2) 运动黏度 ν

动力黏度 μ 与液体密度 ρ 的比值称为液体的运动黏度 ν,即:

$$\nu = \frac{\mu}{\rho} \tag{2-5}$$

运动黏度 ν 单位为 m²/s,工程单位使用的运动黏度单位还有 cm²/s,通常称为 St(斯),工程中常用 cSt(厘斯)来表示,1m²/s=10^4St=10^6cSt。运动黏度 ν 没有明确的物理意义,但习惯上常用它来标志液体的黏度。例如 46 号液压油,是指这种油在 40℃ 时的运动黏度的平均值为 46cSt。

3) 相对黏度

动力黏度和运动黏度都难以直接测量,因此,工程上采用另一种可用仪器直接测量的黏度单位,即相对黏度。相对黏度又称条件黏度,它是采用特定的黏度计在规定的条件下测出的液体黏度。相对黏度是以相对于蒸馏水的黏性大小来表示液体的黏性。各国采用的相对黏度单位有所不同。美国用国际赛氏黏度(SSU),英国用雷氏黏度(R),我国采用恩氏黏度(°E)。

一般情况下,压力对黏性的影响比较小,当压力低于 5MPa 时,黏度值的变化很小,当液体所受的压力加大时,分子之间的距离缩小,内聚力增大,其黏度也随之增大,但数值增大很小,可忽略不计。液压油黏性对温度的变化十分敏感,当温度升高时,其分子之间的内聚力减小,黏度降低,液体流动性增强。

3. 液体的可压缩性

当液体受压力作用而体积减小的特性称为液体的可压缩性。可压缩性用体积压缩系数 κ 表示,并定义为单位压力变化下的液体体积的相对变化量。设体积为 V_0 的液体,其压力变化量为 Δp,液体体积减小 ΔV,则:

$$\kappa = -\frac{1}{\Delta p} \frac{\Delta V}{V_0} \tag{2-6}$$

常用液压油的 $\kappa=(5\sim7)\times10^{-10}$ m²/N。在一般情况下,由于压力变化引起液体体积

的变化很小,液压油的可压缩性对液压系统性能影响不大,所以一般可认为液体是不可压缩的。但是在压力变化较大或有动态特性要求的高压系统中,应考虑液体可压缩性对系统的影响。当液体中混入空气时,其可压缩性将显著增加,并严重影响液压系统的性能,故应将液压系统中油液中空气的含量减少到最低。

4. 闪点和凝点

油温升高时,部分油液蒸发而与空气混合成油气,此油气所能点火的最低温度称为闪点。继续加热,则会连续燃烧,此温度称为燃点。闪点是表示油液着火危险性的指标,一般认为,使用温度应比闪点低20～30℃。

油液温度逐渐降低,停止流动的最高温度称为凝点。凝点标志油液耐低温的能力。一般来说使用的最低温度应比凝点高5～7℃。

5. 其他性质

液压油还有其他一些物理化学性质,如抗燃性、抗凝性、抗氧化性、抗泡沫性、抗乳化性、防锈性、润滑性、导热性、相容性(主要是指对密封材料不侵蚀、不溶胀的性质)以及纯净性等,都对液压系统工作性能有重要影响。这些性质可以在精炼的矿物油中加入各种添加剂来获得,不同品种的液压油有不同的指标,具体应用时可参阅油类产品手册。

2.1.2 液压油的种类

了解液压油的种类,对于正确、合理地选择使用工作介质,保证液压油对液压系统适应各种环境条件和工作状态的能力,延长系统和元件的寿命,提高运行的可靠性,防止事故发生等方面都有重要影响。

液压油的代号含义和命名表示方法如下。

代号:L-HL32(简称HL-32,常叫作32号HL油、32号普通液压油)

其中,L表示类别,即润滑剂类;HL表示品种,H表示液压油组,L表示防锈抗氧型;32表示牌号,如黏度等级32(40℃时运动黏度为32cSt),各品种的液压油有不同黏度等级,如L-HL油有6个黏度等级(15、22、32、46、68、100),参见GB/T 11118.1—2011。液压油的主要品种、性能和使用范围见表2-1。

表2-1 液压油的主要品种、性能及使用范围

类 别	名 称	代 号	特性和用途
液压油	精制矿物油	L-HH	无抑制剂,抗氧化性、抗泡沫性较差,主要用于机械润滑,很少直接用于液压系统
	普通液压油	L-HL	精制矿物油加添加剂,提高抗氧和防锈性能,适用于室内一般设备的低压系统
	抗磨液压油	L-HM	L-HL油加添加剂。改善抗磨性能,适用于车辆和轮船系统
	低温液压油	L-HV	在L-HM基础上改善黏温性的液压油,可用于环境温度为-40～-20℃的高压系统
	液压导轨油	L-HG	L-HM油加添加剂,改善黏滑性,适用于机床中液压系统和导轨润滑合用的机床,也适用于其他要求油有良好黏附性的机械润滑部位

续表

类别	名称	代号	特性和用途
难燃液压液	水包油型乳化液	L-HFAE	水包油型高水基液,通常含水量80%以上,难燃性好,价格便宜。适用于煤矿液压支架液压系统和其他不要求回收废液和不要求有良好润滑性,但要求良好难燃性的液压系统
	化学水溶液	L-HFAS	含化学添加剂的高水基液,通常含水量80%以上,低温性、黏温性和润滑性差,难燃性好,价格便宜。适用于需要难燃液的低压液压系统和金属加工设备
	油包水乳化液	L-HFB	其含油为60%,含水量为40%,另加各种添加剂。既具有矿油型液压油的抗磨、防锈性能,又具有抗燃性,但使用温度不能高于65℃,适用于冶金、煤矿等行业的中压和高压、高温和易燃场合的液压系统
	含聚合物水溶液	L-HFC	常含水35%以上,为水-乙二醇或其他聚合物的水溶液。难燃,黏温特性和抗蚀性好,能在-30~60℃温度下使用,适用于冶金、煤矿等行业的低、中压液压系统
	磷酸酯无水合成液	L-HFDR	由无水的磷酸酯加各种添加剂制成,难燃,但黏温性和低温性差,可溶解多种非金属材料(故要选择合适的密封材料),缺点是有毒。适用于冶金、火力发电、燃气轮机等高温、高压下操作的液压系统
	脂肪酸酯合成液	L-HFDU	由有机酯(天然酯和合成酯)和抗氧化剂、防腐剂、抗金属活化剂、消泡剂以及抗乳化剂组成,具有无毒、黏度-压力特性好和材料相容性好等优点,难燃,根据各自特性选用
专用液压油(液)	航空液压油、航空难燃液压油、舰用液压油、炮用液压油、汽车制动液等,针对一些专门领域的工作条件添加一些添加剂制得,以适用于各种特定工作条件,产品种类和性能见有关手册		

2.1.3 对液压油的要求及选用

液压系统中工作油液有双重作用,一是作为传递能量的介质;二是作为润滑剂润滑运动零件的工作表面,因此油液的性能直接影响液压传动的性能,如工作的可靠性、稳定性、系统的效率及液压元件的使用寿命等。

1. 对液压油的要求

(1) 适宜的黏度和良好的黏温性能。一般液压系统所用的液压油其黏度范围为
$$\nu = 11.5 \times 10^{-6} \sim 35.3 \times 10^{-6} \mathrm{m^2/s} \text{ 或 } 2 \sim 5°\mathrm{E}_{50}$$

(2) 具有良好的润滑性能。在液压传动机械设备中,除液压元件外,其他一些有相对滑动的零件也要用液压油来润滑。

(3) 良好的化学稳定性,即对热、氧化、水解都具有良好的稳定性,长期工作不变质。

(4) 具有良好的相容性,即对密封件、软管、涂料等无溶解的有害影响。

(5) 对金属材料具有防锈性和防腐性。

(6) 比热、热传导率大,热膨胀系数小。

(7) 抗泡沫性好,抗乳化性好。液压油乳化会使其润滑性能降低,酸值增加,使用寿命缩短。液压油中产生泡沫会引起气穴现象。

(8) 油液纯净,不含或含有极少量的杂质、水分和水溶性酸碱等。

(9) 在温度低的环境下工作时,要求流动点和凝固点低;在高温下工作时,为达到防火要求,闪点和燃点高。

(10) 对人体无害,成本低。

2. 对液压油的选用

正确而合理地选用液压油是保证液压设备高效率正常运转的前提。选用液压油时,可根据液压元件生产厂样本和说明书所推荐的品种号数来选用液压油,或者根据液压系统的工作压力、工作温度、液压元件种类及经济性等因素全面考虑,一般是先确定适用的黏度范围,再选择合适的液压油品种。同时,还要考虑液压系统工作条件的特殊要求。

选择液压油时要注意以下几点。

(1) 工作环境。当液压系统工作温度较高时,考虑油液的黏温特性,应采用较高黏度的液压油;反之,则采用较低黏度的液压油。

(2) 工作压力。当液压系统压力较高时,为减少泄漏,应采用较高黏度的液压油;反之,则采用较低黏度的液压油。

(3) 运动速度。当液压系统工作部件运动速度高时,为了减小液流的摩擦阻力,减少功率损失,应采用黏度较低的液压油;反之,则采用较高黏度的液压油。

(4) 液压泵的类型。在液压系统的所有元件中,以液压泵对液压油的性能最为敏感。液压泵内零件的运动速度很高,承受的压力较大,润滑要求苛刻,温升较高,因此,常根据液压泵的类型及要求来选择液压油的黏度。表 2-2 列举了各类液压泵适用的黏度范围。

表 2-2 各类液压泵适用的黏度范围

液压泵的类型		环境温度 (5~40℃)/cSt	环境温度 (40~80℃)/cSt	适用品种
叶片泵	$p<7\times10^6$ Pa	30~50	40~75	L-HM(32、46、48)
	$p\geqslant 7\times10^6$ Pa	50~70	55~90	L-HM(46、68、100)
齿轮泵		30~70	95~165	中低压:L-HL(32、46、68、100、150) 中高压:L-HM(32、46、68、100、150)
轴向柱塞泵		30~70	70~150	
径向柱塞泵		30~50	65~240	

3. 合理使用液压油的要点

根据一些资料统计证明,液压系统产生故障的原因有 70%~85% 是由于液压油受污染变质而引起的,在液压油使用中要注意以下几点。

(1) 换油前液压系统要清洗。首次使用液压油前,液压系统必须彻底清洗干净;在更换同一种液压油时也要用新油冲 1~2 次。

(2) 液压油不能混用。一种牌号的液压油未经设备生产厂家同意、没有科学依据时,不得随意与不同型号的液压油混用,更不得与其他品种的液压油混用。

(3) 注意液压系统密封是否良好,防止泄漏和尘土、杂质和水分等混入。

(4) 加入新的液压油时,必须按要求过滤。

(5) 应根据换油指标及时更换液压油。

2.2 液体静力学基础

液体静力学主要是讨论液体静止时的平衡规律以及这些规律的应用。液体静止是指液体内部质点间没有相对运动,不呈现黏性,而液体整体完全可以像刚体那样做各种运动。

2.2.1 液体静压力及其特性

液体静压力是指静止液体单位面积上所受的法向力,用 p 表示。液体静压力在物理学上称为压强,在工程实际应用中习惯称为压力。

液体内某质点处的法向力 ΔF 对其微小面积 ΔA 的极限称为压力 p,即

$$p = \lim_{\Delta A \to 0} \frac{\Delta F}{\Delta A} \tag{2-7}$$

若法向力均匀地作用于面积上,则压力可表示为

$$p = \frac{F}{A} \tag{2-8}$$

压力的单位为 Pa(帕,N/m²),工程上常使用 MPa(兆帕),$1\text{MPa}=10^6\text{Pa}$。

液体静压力具有以下两个重要特征。

(1) 液体静压力垂直于作用面,其方向与该面的内法线方向一致。如果压力不垂直于其作用面,则液体就要沿着该作用面的某个方向产生相对运动;如果压力的方向不是指向作用表面的内部,则由于液体不承受拉力,液体就要离开该表面产生运动,破坏液体静止的条件。

(2) 静止液体中,任何一点所受到的各方向上的静压力都相等。如果液体中某点受到的压力不相等,那么必然产生运动,从而破坏静止的条件。

2.2.2 液体静力学方程

静止液体内部受力情况可用图 2-2 来说明。在重力作用下的静止液体所受的力,除了液体重力,还有液面上作用的外加压力。

为了求出距离液面 h 处某一点处的压力 p,可以在液体内取出一个底面通过该点、底面积为 ΔA 的小液柱为研究对象,这个液柱在重力和周围液体压力作用下,处于平衡状态。则 A 点所受的压力为

$$p = p_0 + \rho g h \tag{2-9}$$

式(2-9)即为液体静压力基本方程,由此式可知:

(1) 静止液体内任一点处的压力由两部分组成,一部分是液面上的压力 p_0;另一部分是 ρg 与该点离液面深度 h 的乘积。

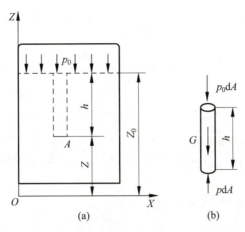

图 2-2 静止液体内压力的分布规律

(2) 同一容器中同一液体内的静压力随液体深度的增加而线性增加。

(3) 液体内深度相同处的压力都相等。由压力相等的点组成的面称为等压面。在重力作用下，静止液体内的等压面是一个水平面。

【例 2-1】 如图 2-3 所示，已知油的密度 $\rho = 900 \text{kg/m}^3$，活塞上的作用力 $F = 1000\text{N}$，活塞面积 $A = 1 \times 10^{-3} \text{m}^2$，忽略活塞的重量，问活塞下方深度为 $h = 0.5\text{m}$ 处的压力为多少？

解：活塞与液体接触面上的压力为

$$p_0 = \frac{F}{A} = \frac{1000}{1 \times 10^{-3}} = 10^6 (\text{Pa})$$

根据液体静压力基本方程，深度为 h 处的液体压力为

$$\begin{aligned} p &= p_0 + \rho g h \\ &= 10^6 + 900 \times 9.8 \times 0.5 \\ &= 1.0044 \times 10^6 \\ &\approx 10^6 (\text{Pa}) \end{aligned}$$

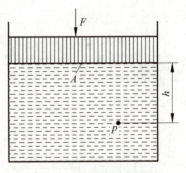

图 2-3 静止液体内的压力

由此可见，液体在外界压力的作用下，由液体自重所形成的那部分压力 $\rho g h$ 相对很小，在液体系统中常可忽略不计，因而可近似地认为整个液体内部的压力是处处相等的。在分析液压系统的压力时，一般采用这个结论。

2.2.3 压力的表示方法及单位

液压系统中的压力就是指压强，液体压力通常有绝对压力、相对压力（表压力）、真空度三种表示方法。相对于大气压（即以大气压为基准零值时）所测量到的一种压力，称为相对压力或表压力。另一种是以绝对真空为基准零值时所测得的压力，称为绝对压力。某点的绝对压力比大气压小的那部分数值叫作该点的真空度。

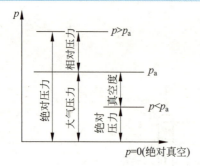

图 2-4 绝对压力、相对压力和真空度

如图 2-4 所示,绝对压力、相对压力、真空度的关系如下。

(1) 绝对压力＝大气压力＋相对压力。
(2) 相对压力＝绝对压力－大气压力。
(3) 真空度＝大气压力－绝对压力。

压力单位为帕斯卡,简称帕,符号为 Pa,$1\text{Pa}=1\text{N/m}^2$。由于此单位很小,工程上使用不便,因此常采用它的倍数单位兆帕,符号 MPa。

2.2.4 静压力对固体壁面的作用力

静止液体和固体壁面相接触时,固体壁面上各点在某一方向上所受静压作用力的总和,便是液体在该方向上作用于固体壁面上的力。在液压传动计算中质量力可以忽略,静压力处处相等,所以可认为作用于固体壁面上的压力是均匀分布的。

(1) 当固体壁面是一平面时,液体压力在该平面上的总作用力 F 等于液体压力 p 与该平面面积 A 的乘积,其作用方向与该平面垂直。

如图 2-5(a)所示,则压力 p 作用在活塞上的力 F 为

$$F = pA = p\frac{\pi d^2}{4} \tag{2-10}$$

式中:A 为活塞的面积,m^2;d 为活塞的直径,m。

(2) 当固体壁面是曲面时,作用在曲面各点的液体静压力是不平行的,曲面上液压总作用力 F 等于液体静压力 p 和曲面在该方向的垂直面内投影面积 A 的乘积。

如图 2-5(b)和(c)所示,作用力 F 仍采用式(2-10)计算,但 A 表示曲面的投影面积,d 表示曲面的投影直径。

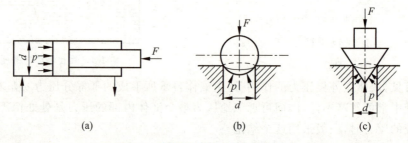

图 2-5 液体对固体壁面上的作用力

2.3 液体动力学基础

液体动力学是研究液体在外力的作用下流动,流速和压力之间的变化规律。它是液压技术中分析问题和设计计算的理论基础。

2.3.1 基本概念

1. 理想液体和稳定流动

1) 理想液体

理想液体是指没有黏性、不可压缩的液体。既具有黏性又可压缩的液体称为实际液体。

液体是有黏性的,也是可以压缩的,有黏性的液体流动时就会产生内摩擦力,如果把液体的黏性和可压缩性考虑进去,会使问题复杂化,为了方便分析和计算问题,在开始分析时往往假设液体是没有黏性、不可压缩的,之后再通过实验验证等方法对理想化的结论进行补充或修正。

2) 稳定流动

如果液体在空间上的运动参数、压力、速度及密度在不同的时间内都有确定的值,即它们只随空间点坐标的变化而变化,不随时间变化,那么对液体的这种运动称为定常流动或稳定流动。反之,称为非稳定流动。

非稳定流动比较复杂,一般在研究液压系统静态性能时,认为液体是稳定流动。

2. 迹线、流线、流束和通流截面

(1) 迹线:液体流动时,液体中任一质点在某一时间间隔内的运动轨迹。

(2) 流线:流场中液体质点在某一瞬间运动状态的一条空间曲线。在该线上各点的液体质点的速度方向与曲线在该点的切线方向重合。如图2-6(a)所示,流线既不能相交,也不能转折,是一条光滑的曲线。对于稳定流动,流线的形状不随时间而变化。

(3) 流束:如果通过液体某截面 A 上所有点作出流线,那么这些流线的集合便构成流束,如图2-6(b)所示。当面积 A 很小时,该流束称为微小流束,可以认为微小流束截面上各液体质点的速度是相等的。

(4) 通流截面:垂直于流束的截面称为通流截面,如图2-6(b)所示的 A 面与 B 面。

3. 流量和平均流速

单位时间内通过通流截面的液体的体积称为流量,用 q 表示,流量的常用单位为升/分(L/min)。

由于流动液体黏度的影响,液体在管道中流动时的速度规律呈抛物面分布,如图2-7所示。为了简化计算,一般假设通流截面上的流速是均匀分布的,且以均布流速 v 流过通流截面 A。流速 v 称为通流截面上的平均流速。于是有:

$$q = vA \tag{2-11}$$

故平均流速为

$$v = \frac{q}{A} \tag{2-12}$$

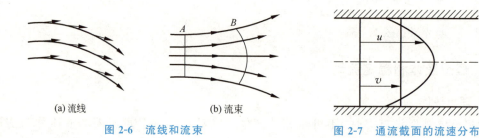

图 2-6　流线和流束

图 2-7　通流截面的流速分布

4. 流动状态和雷诺数

1）流动状态

流动状态包括层流和紊流，如图 2-8 所示。

图 2-8　层流和紊流

层流：在液体运动时，如果质点没有横向脉动，不引起液体质点混杂，而是层次分明，能够维持安定的流束状态，那么这种流动称为层流。

紊流：如果液体流动时质点具有脉动速度，引起流层间质点相互错杂交换，那么这种流动称为紊流或湍流。

2）雷诺数

液体流动时究竟是层流还是紊流，需用雷诺数来判别。

实验证明，液体在圆管中的流动状态不仅与管内的平均流速 v 有关，还和管径 d、液体的运动黏度 ν 有关。但是，真正决定液流状态的是这三个参数所组成的一个称为雷诺数 Re 的无量纲纯数：

$$Re = \frac{vd}{\nu} \tag{2-13}$$

液体流动时，由层流变为紊流的雷诺数和由紊流变为层流的雷诺数是不同的。后者数值小，所以一般工程中用后者作为判别液体流动状态的依据，称为临界雷诺数，记作 $Re_{临}$。光滑金属圆管的 $Re_{临}$ 为 2000~2320，橡胶软管的 $Re_{临}$ 为 1600~2000，圆柱形滑阀阀口的 $Re_{临}$ 为 260，锥阀阀口的 $Re_{临}$ 为 20~100。当液流实际流动时的雷诺数小于临界雷诺数时，液流为层流；反之，液流为紊流。

2.3.2　流量连续性方程

质量守恒是自然界的客观规律，不可压缩液体的流动过程也遵守质量守恒定律。

当液体在管内做稳定流动时，单位时间内液体通过管内任意截面的质量必然相等。如

图 2-9 所示为一截面不等的管道,液体在管中做稳定流动,任取两通流截面面积分别为 A_1 和 A_2,流速为 v_1 和 v_2,则通过任意截面的流量为

$$q = A_1 v_1 = A_2 v_2 = 常量 \tag{2-14}$$

式(2-14)称为不可压缩液体做稳定流动时的连续性方程。由此可知,液体的流速取决于流量;当流量一定时,液体的平均流速与其截面积大小成反比。

【例 2-2】 图 2-10 所示为相互连通的两个液压缸,已知大缸内径 $D=100\text{mm}$,小缸内径 $d=20\text{mm}$,大活塞上放置质量为 5000kg 的物体。问:

(1) 在小活塞上所加的力 F 多大才能使大活塞顶起重物?

(2) 若小活塞下压速度为 0.2m/s,试求大活塞的上升速度。

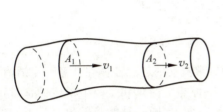

图 2-9 流量连续性

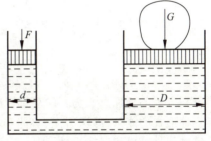

图 2-10 连续性方程应用实例

解:(1) 小活塞上需施加的力。

物体的重力为

$$G = mg = 5000 \times 9.8 = 49000(\text{N})$$

则液压缸中油液的压力为

$$p = \frac{G}{A_2} = \frac{G}{\pi D^2/4} = \frac{49000}{3.14 \times 0.1^2/4} \approx 6.24 \times 10^6 (\text{Pa})$$

所以小活塞上需施加的力为

$$F = pA_1 = p\frac{\pi d^2}{4} = 6.24 \times 10^6 \times \frac{3.14 \times 0.02^2}{4} \approx 1960(\text{N})$$

(2) 大活塞上升的速度。

由不可压缩液体做稳定流动时的连续性方程 $q = A_1 v_1 = A_2 v_2 = $ 常量,得

$$v_1 \frac{\pi d^2}{4} = v_2 \frac{\pi D^2}{4}$$

故大活塞上升的速度为

$$v_2 = \frac{d^2}{D^2} v_1 = \frac{0.02^2}{0.1^2} \times 0.2 = 0.008(\text{m/s})$$

2.3.3 伯努利方程

1. 理想液体的伯努利方程

理想液体因无黏性,又不可压缩,因此在管内做稳定流动时没有能量损失。根据能量守

恒定律,同一管道每一截面的总能量都是相等的。

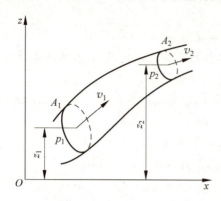

图 2-11 理想液体伯努利方程推导简图

在图 2-11 中任取两个截面 A_1 和 A_2,它们距离基准水平面的距离分别为 z_1 和 z_2,断面平均流速分别为 v_1 和 v_2,压力分别为 p_1 和 p_2。根据能量守恒定律有

$$p_1 + \rho g z_1 + \frac{1}{2}\rho v_1^2 = p_2 + \rho g z_2 + \frac{1}{2}\rho v_2^2 \tag{2-15}$$

由于流束的 A_1、A_2 截面是任取的,因此伯努利方程表明,在同一流束各截面上参数 z、$\frac{p}{\rho g}$ 及 $\frac{v^2}{2g}$ 之和是常数,即

$$\frac{p}{\rho g} + z + \frac{v^2}{2g} = c \quad (c \text{ 为常数}) \tag{2-16}$$

伯努利方程的物理意义为:在密封管道内做定常流动的理想液体在任意一个通流断面上具有三种形式的能量,即压力能、势能和动能。三种能量的总和是一个恒定的常量,而且三种能量之间是可以相互转换的,即在不同的通流断面上,同一种能量的值会是不同的,但各断面上的总能量值都是恒定的。

2. 实际液体的伯努利方程

由于液体存在着黏性,会产生内摩擦力,消耗能量;同时管路中管道尺寸和局部形状的骤然变化使液体产生扰动,也会引起能量消耗。另外,由于实际流速在管道通流截面上分布不均匀,用平均流速计算动能时,必然会产生偏差,需要引入动能修正系数 α 来补偿偏差。因此,设单位质量液体在两截面之间流动的能量损失为 h_w,实际液体的伯努利方程为

$$\frac{p_1}{\rho g} + z_1 + \frac{\alpha_1 v_1^2}{2g} = \frac{p_2}{\rho g} + z_2 + \frac{\alpha_2 v_2^2}{2g} + h_w \tag{2-17}$$

式中:紊流时取 $\alpha=1$;层流时取 $\alpha=2$。

伯努利方程的适用条件和应用方法如下。

(1) 管道内稳定流动的不可压缩液体,即密度为常数,液体所受的力只有重力,忽略惯性力的影响。

(2) 所选择的两个通流截面必须在同一个连续流动的流场中,是渐变流(即流线近于平行线,通流截面近于平面),而不考虑两截面间的流动状况。

(3) 计算时,一般将截面几何中心处距离基准水平面的距离 z 和压力 p 作为计算参数,并选取与大气相通的截面为基准面,以简化计算,两截面的压力表示方法应一致。

(4) 能量损失 h_w 的量纲也为长度单位。

伯努利方程是流体力学的重要方程,在液压传动中常与连续性方程一起用来求解系统的压力和速度问题。

在液压系统中,管路中的压力常为十几个大气压到几百个大气压(1atm=101325Pa),而大多数情况下管路中的油液流速不超过 6m/s,管路安装高度也不超过 5m。因此,系统中

油液流速引起的动能变化和高度引起的势能变化相对于压力能来说可忽略不计,于是伯努利方程可简化为

$$p_1 - p_2 = \Delta p \tag{2-18}$$

因此,在液压传动系统中,能量损失主要为压力损失 Δp,这也表明液压传动是利用压力能来工作的,故又称静压传动。

2.4 压力损失

实际液体具有黏性,在流动中由于摩擦而产生能量损失。另外,液体在流动时会因管道尺寸或形状变化而产生撞击和出现漩涡,也会造成能量损失。在液压管道中的损失表现为压力损失。压力损失过大,将使功率消耗增加、油液发热、泄漏增加、效率降低、液压系统性能变坏,因此在设计液压系统时,要找到减小压力损失的途径。

液压系统中的压力损失分为沿程压力损失和局部压力损失两种。

1. 沿程压力损失

液压油沿等径直管流动时产生的压力损失,称为沿程压力损失。这类压力损失是由液体流动时,液体内部、液体和管壁间的摩擦力,以及紊流流动时质点间的相互碰撞所引起的。液体的流动状态不同,沿程压力损失也不同。

1) 层流时的沿程压力损失

液体在直管中流动时的沿程压力损失可用达西公式确定:

$$\Delta p_\lambda = \lambda \frac{l}{d} \frac{\rho v^2}{2} \tag{2-19}$$

式中:Δp_λ 为沿程压力损失,Pa;l 为管路长度,m;v 为液流速度,m/s;d 为管路内径,m;ρ 为液体密度,kg/m³;λ 为沿程阻力系数。对于圆管层流,其理论值 $\lambda = 64/Re$;考虑到实际圆管截面可能变形,以及靠近管壁处的液层可能冷却,阻力略有加大,故实际计算时,对金属管取 $\lambda = 75/Re$,橡胶管取 $\lambda = 80/Re$。

2) 紊流时的沿程压力损失

紊流时的沿程压力损失计算公式在形式上与层流时的计算公式(2-19)相同,但式中的阻力系数 λ 除了与雷诺数 Re 有关外,还与管壁的表面粗糙度有关。实际计算时,对于光滑管,当 $2.32 \times 10^3 \leqslant Re < 10^5$ 时,$\lambda = 0.3164 Re^{-0.25}$;对于粗糙管,$\lambda$ 的值要根据雷诺数 Re 和管壁的相对表面粗糙度 Δ/d 从有关液压传动设计手册中查出。

2. 局部压力损失

液压油流经局部障碍(如弯道、接头、管道截面突然扩大或收缩)时,由于液流的方向和速度突然变化,在局部区域形成漩涡,引起液体质点与固体壁面间相互撞击和剧烈摩擦因而产生的压力损失,称为局部压力损失。

液流流过上述局部装置时流动状态极为复杂,影响因素较多,故局部压力损失一般先通过实验来确定局部压力损失的阻力系数,再用相应公式计算局部压力损失值。局部压力损

失的计算公式为

$$\Delta p_\zeta = \zeta \frac{\rho v^2}{2} \tag{2-20}$$

式中：Δp_ζ 为局部压力损失，Pa；ζ 为局部阻力系数，由试验求得，具体数值可查阅有关液压传动设计计算手册；v 为液流速度，m/s；ρ 为液体密度，kg/m³。

3. 管道系统中的总压力损失

管路系统的总压力损失等于所有沿程压力损失和局部压力损失之和，即

$$\Delta p = \sum \Delta p_\lambda + \sum \Delta p_\zeta = \sum \lambda \frac{l}{d} \frac{\rho v^2}{2} + \sum \zeta \frac{\rho v^2}{2} \tag{2-21}$$

液压系统中的压力损失大部分转换为热能，造成系统油温升高、泄漏增大，以致影响系统的工作性能。从压力损失的计算公式可以看出，减小液流在管道中的流速，缩短管道长度，减少管道的截面突变和管道弯曲，适当增加管道内径，合理选用阀类元件等都可使压力损失减小。

在两个局部压力损失地区之间的直管长度要大于 10～20 倍管径，因为液流只有在经过一个局部地区稳定之后，再经过一个局部地区，两者才不会发生干扰；否则，损失将会增大。

2.5　液压冲击及气穴现象

2.5.1　液压冲击现象

在液压系统工作过程中，由于某种原因而引起液体压力在某一瞬间急剧升高，形成很高的压力峰值，这种现象称为液压冲击。

1. 液压冲击产生的原因及其危害

在执行部件换向、液压阀突然关闭或液压缸快速制动等情况下，液体在系统中的流动会忽然受阻，这时由于液流和运动部件的惯性作用，液体就会从受阻端开始，迅速将动能逐层转换为压力能，产生压力冲击波，之后，又从另一端开始，将压力能逐层转换为动能，液体又反向流动；然后，再次将动能转化为压力能，如此反复地进行能量转换。这种压力波的快速往复传播能在系统内形成压力振荡。实际上，由于液体受到摩擦力，而且液体自身和管壁都有弹性，不断消耗能量，会使振荡过程逐渐衰减并趋向稳定。

系统中出现液压冲击波时，液体瞬时压力峰值可能比正常压力大好几倍，所以液压冲击会损坏密封装置、管道或液压元件，并且还会引起设备振动，产生很大的噪声，有时，液压冲击还会使某些液压元件（如压力继电器、顺序阀等）产生误动作，影响系统的正常工作，甚至造成事故。

2. 减少液压冲击的措施

（1）延长液压阀的关闭时间和运动部件的制动时间。实践证明，当运动部件的制动时

间大于0.2s时,液压冲击就可大为减小。应用中可采用换向时间可调的换向阀。

(2)限制管道中液体的流速和运动部件的运动速度。一般在液压系统中把管路流速控制在4.5m/s,运动部件速度一般不宜超过10m/min。

(3)适当加大管径,尽可能缩短管长,以减小压力冲击波的传播时间。

(4)在容易发生液压冲击的部位设置缓冲装置、采用橡胶管或设置蓄能器,以吸收冲击压力;也可以在这些位置安装安全阀,以限制压力升高。

2.5.2 气穴现象

1. 气穴现象及产生的原因

在液压系统中,液压油总会不可避免地含有一定量的空气。这些混入油液中的空气一部分可能溶解在油液中,另一部分以气泡状态混合在油液中。对于矿物型液压油,常温时在一个大气压下含有6%~12%的溶解空气。如果某一处的压力低于工作温度下油液的空气分离压时,溶解在油液中的空气将大量分离出来,形成气泡,这些气泡以原有气泡为核心,逐渐变大。当油液中某部分的压力降低到当时温度下的饱和蒸汽压时,油液将迅速汽化,产生大量气泡。这些气泡混杂在油液中,使得原来充满油管和液压元件容腔中的油液成为不连续状态,这种现象就称为气穴。

2. 危害及防治措施

在液压系统中泵的吸油口及吸油管路中的压力低于大气压力时容易产生气穴现象。油液流经节流口等狭小缝隙处时,由于速度增加,当压力低于空气分离压时,也会产生气穴现象。

如果液体产生了气穴现象,则液体中由气穴而产生的气泡随着油液运动到高压区时,气泡在高压油作用下迅速破裂,并凝结成液态,即体积突然减小而形成局部真空,周围高压高速流过来补充。由于这一过程是在瞬间产生的,因而引起局部液压冲击,压力和温度都急剧升高,并产生强烈的噪声和振动。在气泡凝结区域的管壁及其他液压元件表面,因长期受冲击压力和高温作用以及从油液中游离出来的空气中的氧化和酸化作用,零件表面受到腐蚀,这种因气穴现象而产生的零件腐蚀,称为气蚀。

为了防止气穴和气蚀现象的产生,在液压元件和液压系统开始设计时,对于液压泵来说,要正确设计液压泵的结构参数和液压泵的吸油管路;而对液压元件和液压系统的管路来说,则应尽量避免在油道狭窄处或急剧转弯处产生低压区。另外,还应合理选择液压元件的材料,增加零件的机械强度,提高零件的表面质量等,以提高耐腐蚀能力。

为了减少气穴现象和气蚀的危害,通常采取下列措施。

(1)减小小孔或缝隙前后的压差。一般希望小孔或缝隙前后的压力比值 $p_1/p_2<3.5$。

(2)降低泵的吸油高度,适当加大吸油管内径,限制吸油管的流速,尽量减少吸油管中的压力损失(如及时清洗过滤器或更换滤芯等)。自吸能力差的泵需用辅助泵供油。

(3)管路要有良好的密封,防止空气进入。

(4)提高零件的机械强度,采用抗腐蚀能力强的金属材料。

2.6 小孔流量

液压传动中常利用液体流经阀的小孔或缝隙来控制流量和压力,达到调速和调压的目的。液压元件的泄漏也属于缝隙流动,研究小孔和缝隙的流量计算,了解其影响因素,对于合理设计液压系统,正确分析液压元件和系统的工作性能是很有必要的。

小孔的结构形式可分为三类:当小孔的长径比 $l/d \leqslant 0.5$ 时,称为薄壁小孔;当 $l/d > 4$ 时,称为细长孔;当 $0.5 < l/d \leqslant 4$ 时,称为短孔。

1. 薄壁小孔的流量

图 2-12 所示为进口边做成锐沿的典型薄壁小孔,其流量公式为

$$q = C_q A \sqrt{\frac{2}{\rho} \Delta p} \qquad (2\text{-}22)$$

式中:C_q 为流量系数,可根据雷诺数的大小查阅有关手册;A 为小孔的通流截面面积,m^2;Δp 为小孔前后的压力差($\Delta p = p_1 - p_2$),MPa。

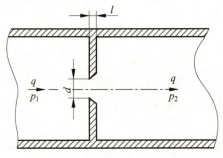

图 2-12 薄壁小孔流量

薄壁小孔由于流程很短,流量对温度的变化不敏感,因而流量稳定,宜做节流器用。但薄壁小孔加工较为困难,实际上应用较多的是短孔。

2. 短孔的流量

通过短孔的流量公式依然是式(2-22),但流量系数 C_q 不同,一般为 $C_q = 0.82$。

3. 细长孔的流量

流经细长孔的液流,由于黏性而流动不畅,故多为层流。其流量计算公式为

$$q = \frac{\pi d^2}{128 \mu l} \Delta p \qquad (2\text{-}23)$$

式中:μ 为液体的动力黏度。

纵观各类小孔流量公式,可归纳为一个通用公式:

$$q = CA \Delta p^\varphi \qquad (2\text{-}24)$$

式中:C 为由孔的形状、尺寸和液体性质决定的系数;A 为小孔的通流截面面积,m^2;Δp 为

小孔前后的压力差,MPa;φ 为由孔的长径比决定的指数,薄壁小孔 $\varphi=0.5$,细长孔 $\varphi=1$。

从通用公式(2-24)可以看出,无论哪种小孔,其通过的流量均与小孔的通流截面面积 A 及两端压差 Δp 成正比,改变其中一个量即可改变通过小孔的流量,从而达到调节运动部件速度的目的,这就是节流阀的工作原理。

复习与思考

1. 什么是液压油的黏性?用什么衡量液压油的黏性?选用液压油主要考虑哪些因素?
2. 什么叫压力?压力有哪几种表示方法?液压系统的压力与外界负载有何关系?
3. 什么是流量、流速和平均速度?液体在管道中的流速指的是什么速度?
4. 在图 2-13 所示容器中装有水,容器上半部充满压力为 p 的气体,细管上端与大气相通,液柱高 $H=1$m,$h=400$mm,通道管径 $d=50$mm,求容器内气体的绝对压力和表压力。
5. 在图 2-14 所示的液压千斤顶中,小活塞 1 的直径 $d=10$mm,大活塞 2 的直径 $D=40$mm,重物 $W=5000$kg。问:
(1) 小活塞上需加多少力才能顶起重物 W。
(2) 若重物上升的速度为 0.05m/s,求小活塞的运动速度为多少?

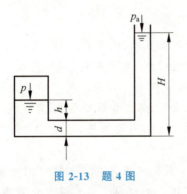

图 2-13　题 4 图

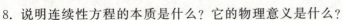

图 2-14　题 5 图

6. 如图 2-15 所示的液压千斤顶,小柱塞直径 $d=10$mm,行程 $S=25$mm,大柱塞直径 $D=50$mm,重物产生的力 $F_2=50000$N,手压杠杆比 $L:l=500:25$,试求:
(1) 此时密封容积中的液体压力是多少?
(2) 杠杆端施加力 F_1 为多少时才能举起重物?
(3) 杠杆上下动作一次,重物的上升高度是多少?

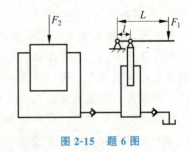

图 2-15　题 6 图

7. 什么是液压冲击?产生的原因是什么?有何危害?怎样减少?
8. 说明连续性方程的本质是什么?它的物理意义是什么?
9. 说明伯努利方程的物理意义并指出理想液体伯努利方程和实际液体伯努利方程有什么区别?

视野拓展

国之瑰宝：都江堰

战国时期，秦国蜀郡太守李冰和他的儿子吸取前人的治水经验，率领当地人民，主持修建了著名的都江堰水利工程（图2-16）。

图 2-16　都江堰

李冰采用中流作堰的方法，在岷江峡内用石块砌成石埂，叫都江鱼嘴，也叫分水鱼嘴。鱼嘴把岷江水流一分为二。东边的叫内江，供灌溉渠用水；西边的叫外江，是岷江的正流。又在灌县城（现灌口县）附近的岷江南岸筑了离碓，夹在内外江之间。离碓的东侧是内江的水口，称为宝瓶口，具有节制水流的功用。夏季岷江水涨，都江鱼嘴淹没了，离碓就成为第二道分水处。内江自宝瓶口以下进入密布于川西平原之上的灌溉系统，保证了大约300万亩良田的灌溉。

为了控制水流量，在进水口以石人作为原始的水尺。从石人"足"和"肩"两个高度来长期观察水位，掌握岷江洪、枯水位变化幅度的一般规律。通过内江进水口水位观察，掌握进水流量，再用鱼嘴、宝瓶口的分水工程来调节水位，这样就能控制渠道进水流量。说明早在两千多年前，中国劳动人民在管理灌溉工程中就已经掌握并且利用了在一定水头下通过一定流量的堰流原理。在都江堰，李冰把2只石犀留在内江中。石犀埋的深度作为都江堰岁修深淘滩的控制高度。通过深淘滩，使河床保持一定的深度，有一定大小的过水断面，这样就可以保证河床安全地通过比较大的洪水量。可见当时人们对流量和过水断面的关系已经有了一定的认识和应用。这种数量关系正是现代流量公式的一个重要方面。

两千多年来都江堰一直发挥着防洪灌溉的作用，是全世界迄今为止年代最久、唯一留存、仍在一直使用、以无坝引水为特征的宏大水利工程，凝聚着中国古代劳动人民勤劳、勇敢、智慧的结晶。

第3章 液压动力元件

第3章微课视频

在液压系统中,动力元件是将原动机所提供的机械能转换为工作液体的压力能的能量转换装置,是液压系统的动力源,它向系统提供所需要的压力油。动力元件在液压系统中占有极其重要的位置。

3.1 液压泵概述

液压泵是一种能量转换装置,向液压系统提供一定压力和流量的液体,把机械能转换成液体的压力能。

3.1.1 液压泵的工作原理

液压泵的工作原理如图 3-1 所示。柱塞 2 装在泵体 3 内形成一个密封容积 a。柱塞 2 靠弹簧 4 压紧在偏心轮 1 上,当偏心轮 1 由原动机带动旋转时,柱塞便在泵体内做往复运动,密封容积的大小将发生周期性的变化。当偏心轮 1 在图示位置开始转动时,柱塞 2 向右移动,密封容积逐渐增大,形成局部真空,油箱内的油液在大气压作用下,顶开单向阀 6 进入密封腔中,实现吸油;当偏心轮 1 转过半周后,柱塞 2 向左移动,密封容积

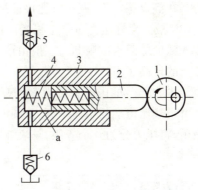

图 3-1 单柱塞液压泵工作原理图
1—偏心轮;2—柱塞;3—泵体;
4—弹簧;5、6—单向阀

逐渐减小,油液受柱塞挤压而产生压力,使单向阀 6 关闭,同时单向阀 5 被顶开,具有较高压力的油液将流入液压系统,实现向系统的压油。偏心轮不断地转动,柱塞左右往复运动,液压泵就不断地进行半个周期吸油和半个周期压油的工作循环。由此可见,液压泵是依靠密封容积的变化进行工作的,故常称其为容积式液压泵。

通过对上述液压泵工作过程的分析,可以看出液压泵的基本组成和工作原理如下。

(1) 液压泵是通过密封容积的变化实现吸油和排油动作的,密封而又变化的容积是液压泵必须具有的基本结构。

(2) 必须具有配油装置。它保证密封容积在吸油时与油箱连通,在压油时与系统连通。图中的单向阀 5 和 6 就是泵的配油装置。

(3) 油箱中的工作液体始终具有不低于一个大气压的绝对压力,这是保证液压泵能从油箱吸油的必要的外部条件,因此一般油箱的液面总是与大气相通的,或采用密封的充压油箱。

从容积式液压泵的工作原理可以看出,在不考虑泄漏的情况下,液压泵在每一个工作周期中吸入或排出的油液体积只取决于工作构件的几何尺寸。在不考虑泄漏等影响时,液压泵单位时间排出的油液体积与泵密封容积变化频率成正比,也与泵密封容积的变化量成正比。在不考虑液体的压缩性时,液压泵单位时间排出的液体体积与工作压力无关。

3.1.2 液压泵的主要性能参数

1. 压力

(1) 工作压力 p:泵在工作时输出的实际压力,即液压泵工作时的出口压力,其大小取决于工作负载总和。当负载增加时,液压泵的压力升高。如果负载无限制增加,液压泵的工作压力也无限制升高,直至液压泵工作机构的密封性和零件被破坏。因此,在液压系统中应设置溢流阀来限制泵的最大工作压力,起过载保护作用。当排油管直接接回油箱,则总负载为零,泵排出压力为零,泵的这一工况称为卸荷。

(2) 额定压力 p_n:泵在正常工作条件下,按实验标准连续运转时所允许的最高压力。正常工作时不允许超过其额定压力,超过此值即为过载。一般泵的铭牌上所标的就是额定压力。在额定压力下,液压泵能保证规定的容积效率和寿命。

(3) 最高允许压力 p_{max}:泵短时间内过载时所允许的极限压力。它受泵本身密封性能和零件强度等因素的限制。一般由液压系统中的溢流阀限定。溢流阀的调定值不允许超过液压泵的最高压力。

p、p_n、p_{max} 的国际单位为 $Pa(N/m^2)$,常用单位为 MPa。

由于液压传动的用途不同,系统所需的压力也不相同,为了便于液压元件的设计、生产和使用,将压力分为几个等级,见表 3-1。

表 3-1 压力等级分类

压力等级	低压	中压	中高压	高压	超高压
压力范围/MPa	0～2.5	2.5～8	8～16	16～32	>32

2. 排量和流量

(1) 排量 V:在没有泄漏的情况下,液压泵每转一转理论上应排出的油液体积,排量的大小仅与泵的密封容积几何尺寸变化有关。

V 的国际单位为 m^3/r,常用单位为 L/r。

(2) 流量:液压泵的流量分为理论流量、实际流量和额定流量。

① 理论流量 q_t:在不考虑泄漏的情况下,液压泵单位时间内所排出的油液体积。它正

比于泵的排量 V 和主轴转速 n，即液压泵的理论流量 q_t 为

$$q_t = Vn \tag{3-1}$$

② 实际流量 q：液压泵在某一具体工况下，单位时间内实际排出的油液体积。由于泵在工作时，存在泄漏流量 Δq，所以实际流量 q 小于理论流量，即

$$q = q_t - \Delta q = q_t - k_1 p \tag{3-2}$$

式中：k_1 为泵的泄漏系数，液压泵的泄漏流量 Δq 随工作压力 p 的增大而增大。当泵的出口压力等于零或进、出口压力差等于零时，泵的泄漏量 $\Delta q = 0$，即 $q = q_t$。工业生产中将此时的流量等同于理论流量。

③ 额定流量 q_n：液压泵在额定转速和额定压力下必须保证的输出流量。由于泵存在泄漏，所以泵的额定流量 q_n 小于理论流量 q_t。

q_t、q、q_n 的国际单位为 m^3/s，常用单位为 L/min；n 的国际单位为 r/s，常用单位为 r/min。

3. 功率和效率

(1) 输入功率 P_i：液压泵的输入功率是指作用在液压泵主轴上的机械功率，当输入转矩为 T，角速度为 $\omega(\omega = 2\pi n)$ 时，有

$$P_i = T\omega \tag{3-3}$$

(2) 输出功率 P_o：为液压泵实际输出的功率，是液压泵在工作过程中的实际吸、压油口间的压差 Δp 和输出流量 q 的乘积，即

$$P_o = \Delta p q \tag{3-4}$$

式中：Δp 为液压泵吸、压油口之间的压力差，Pa；q 为液压泵的实际输出流量，m^3/s。液压泵功率的单位为 $N \cdot m/s$ 或 W。

(3) 容积效率 η_v：液压泵的实际流量和理论流量的比值，即

$$\eta_v = \frac{q}{q_t} \tag{3-5}$$

容积效率产生的原因：高压腔的泄漏；吸油阻力大；液体黏度大；泵转速太高导致吸油时油液不能全部充满工作腔。

(4) 机械效率 η_m：液压泵的理论转矩 T_i 与实际转矩 T 的比值，即

$$\eta_m = \frac{T_i}{T} \tag{3-6}$$

机械效率产生的原因：液压泵相对运动部件之间的机械摩擦而引起的摩擦转矩损失；黏性引起的摩擦损失。

(5) 液压泵的总效率 η：液压泵的实际输出功率 P_o 与其输入功率 P_i 的比值，即

$$\eta = \frac{P_o}{P_i} = \eta_m \eta_v \tag{3-7}$$

【例 3-1】 某液压泵的工作压力 10MPa，转速为 1450r/min，排量为 46.2mL/r，容积效率为 0.95，总效率为 0.9。求泵的实际输出功率和驱动该泵所用电动机的功率。

解：(1) 泵的理论流量：

$$q_t = Vn = 46.2 \times 1450 = 66990 (mL/min)$$

(2) 泵的实际流量：
$$q = q_t \eta_v = 66990 \times 0.95 = 63640.5 (\text{mL/min})$$

(3) 泵的实际输出功率：
$$P_o = \Delta p q = 10 \times 10^6 \times \frac{63640.5 \times 10^{-6}}{60} = 10606.75 (\text{W})$$

(4) 泵所用电动机的功率：
$$P_i = \frac{P_o}{\eta} = \frac{10606.75}{0.9} \approx 11785.28 (\text{W})$$

3.2　液压泵的分类

液压泵按主要运动构件的形状和运动方式分为齿轮泵、叶片泵、柱塞泵和螺杆泵。
(1) 齿轮泵分为外啮合齿轮泵和内啮合齿轮泵。
(2) 叶片泵分为双作用叶片泵、单作用叶片泵和凸轮转子叶片泵。
(3) 柱塞泵分为径向柱塞泵和轴向柱塞泵。
(4) 螺杆泵分为单螺杆泵、双螺杆泵和三螺杆泵。

按其排量能否调节可分为定量泵和变量泵；按输油方向能否改变分为单向泵和双向泵；按其额定压力的高低可分为低压泵、中压泵、高压泵等。液压泵的图形符号如图 3-2 所示。

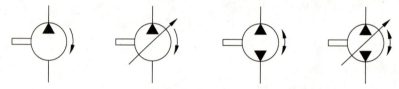

(a) 单向定量液压泵　　(b) 单向变量液压泵　　(c) 双向定量液压泵　　(d) 双向变量液压泵

图 3-2　液压泵的图形符号

3.2.1　柱塞泵

柱塞泵是一种利用柱塞将原动机的机械能转换为液压油压力能的能量转换装置，是依靠柱塞在缸体孔内做往复运动时产生的容积变化进行吸油和压油的。由于柱塞和缸体内孔都是圆柱表面，容易得到高精度的配合，密封性能好，在高压下工作仍能保持较高的容积效率和总效率；同时，它可通过改变柱塞的工作行程来改变泵的流量，易于实现流量调节和液流方向的改变。此外，其主要零件均为受压，材料强度性能得到充分利用。因此，柱塞泵的优点是结构紧凑、压力高、效率高及流量调节方便等，缺点是结构复杂、价格高、对油液污染敏感。常用于压力高、流量大及流量需要调节的液压机、工程机械、大功率机床等液压系统。

根据柱塞的布置和运动方向与传动主轴相对位置的不同，柱塞液压泵可分为径向柱塞泵和轴向柱塞泵两类。图 3-1 所示的单柱塞泵，其柱塞沿径向放置，被称为径向柱塞泵，并且单个柱塞因其半个周期吸油、半个周期排油，供油不连续，而不能直接用于工业生产。为使柱塞泵能够连续地吸油和压油，柱塞数必须大于 3。

1. 配油轴式径向柱塞泵

图 3-3 所示为配油轴式径向柱塞泵。在转子上径向均匀排列着柱塞孔,孔中装有柱塞 1,柱塞可在孔中自由滑动。衬套 3 固定在转子孔内并随转子一起旋转。转子中心与定子中心存在偏心距 e。配油轴 5 固定不动,在相对于柱塞孔的部位有上下两个相互隔开的配油腔 b 腔和 c 腔,两个配油腔又分别通过所在部位的两个轴向孔与泵的进、排油口连通。当转子顺时针方向转动时,柱塞在离心力或在低压油的作用下压紧在定子 4 的内壁上,当柱塞转到上半周时柱塞向外伸出,径向孔内的密闭容积不断增大,产生局部真空,油箱中的油液经配油轴上的 a 孔进入 b 腔;当柱塞转到下半周时,定子内壁表面将柱塞往里推,密闭容积不断减小,将 c 腔中的油液从配油轴上的 d 孔向外压出。转子每转一周,柱塞在每个径向孔内吸、压油各一次,转子连续转动,即完成吸压油工作。

配油轴式径向柱塞泵的输出流量受偏心距 e 大小的影响,移动定子,改变偏心量 e 就可改变泵的排量,当移动定子使偏心量从正值变为负值时,泵的进、排油口就互相调换,因此径向柱塞泵可以是单向或双向变量泵,为了使流量脉动尽可能小,通常采用奇数柱塞数。为了增加流量,径向柱塞泵有时将缸体沿轴线方向加宽,将柱塞做成多排形式的。

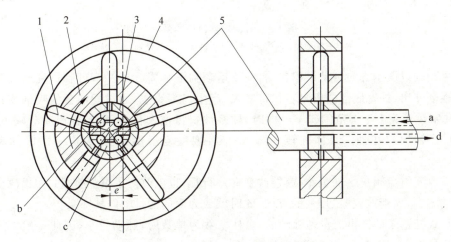

图 3-3 配油轴式径向柱塞泵

1—柱塞;2—转子;3—衬套;4—定子;5—配油轴

径向柱塞泵的柱塞是沿转子的径向分布的,泵的外形结构尺寸大,且由于配油结构较复杂,自吸能力较差,配油轴的径向作用力不平衡,易单向弯曲并加剧磨损,因此限制了径向柱塞泵的转速和压力的提高,故应用范围较小。径向柱塞泵常用于 10MPa 以上的各类液压系统中,如拉床、压力机或船舶等大功率系统。

2. 轴向柱塞泵

轴向柱塞泵是将多个柱塞配置在一个共同的缸体的圆周上,并使柱塞中心线平行于缸体的轴线的液压泵。轴向柱塞泵有两种形式:斜盘式和斜轴式。

1) 斜盘式轴向柱塞泵

图 3-4 所示为斜盘式轴向柱塞泵,泵体上均匀分布着几个轴向排列的柱塞孔,柱塞可以在孔内沿轴向滑动,斜盘的中心与缸体中心线斜交成一个 γ 角,以产生往复运动。斜盘和配油盘固定不动。柱塞可在低压油或弹簧作用下压紧在斜盘上。在配油盘上有两个腰形窗口。它们之间由过渡区隔开,不能连通。过渡区的宽度等于或稍大于泵体底部窗口宽度,以防止吸油区和压油区连通,但不能相差太大,否则会发生困油现象。一般在两配油窗口的两端部开有小三角槽,以减小冲击和噪声。

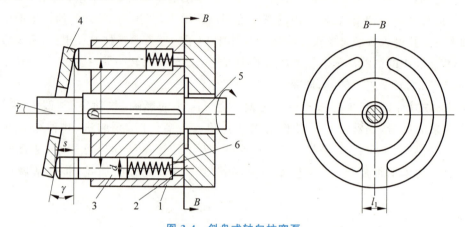

图 3-4 斜盘式轴向柱塞泵

1—泵体;2—配油盘;3—柱塞;4—斜盘;5—传动轴;6—弹簧

当传动轴以图示方向带动泵体转动,柱塞运动到下半周(π～2π)范围时,柱塞在弹簧的作用下逐渐伸出,柱塞底部的密封容积将增大,产生局部真空,通过配油盘的吸油窗口进行吸油;柱塞运动到上半圆范围(0～π)内时,柱塞被斜盘推入孔内,密封容积逐渐减小,通过配油盘的压油窗口压油。泵体旋转一周,每个柱塞往复运动一次,完成一次吸油和压油动作。

如果改变斜盘倾角 γ 的大小,就能改变柱塞行程,也就改变了泵的排量;如果改变斜盘倾角 γ 的方向,就能改变吸、压油的方向,此时就成为双向变量轴向柱塞泵。

斜盘式柱塞泵的输出流量是脉动的,当柱塞数为单数时,脉动较小,因此一般常用的柱塞数视流量的大小取 7 个、9 个或 11 个。

斜盘式轴向柱塞泵的优点是结构紧凑、径向尺寸小、惯性小、容积效率高,目前最高压力可达 40MPa,甚至更高。一般用于工程机械、压力机等高压系统中,但其轴向尺寸较大,轴向作用力也较大,结构比较复杂。

2) 斜轴式轴向柱塞泵

图 3-5 所示为斜轴式轴向柱塞泵。当传动轴 1 随电动机一起转动时,连杆 2 推动柱塞 3 在泵体 4 中做往复运动,同时连杆的侧面带动柱塞连同泵体一起旋转。通过固定不动的配流盘 5 的吸油窗口、压油窗口进行吸油、压油。与斜盘式轴向柱塞泵类似,可通过改变泵体的倾斜角度 γ 改变泵的排量,角度越大,排量越大;通过改变泵体的倾斜方向构成双向变量轴向柱塞泵。这类泵的优点是变量范围大,泵的强度较高;和斜盘式轴向柱塞泵相比,其结构较为复杂,外形尺寸和重量较大。

第 3 章 液压动力元件

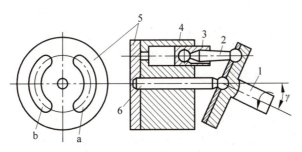

图 3-5 斜轴式轴向柱塞泵
1—传动轴；2—连杆；3—柱塞；4—泵体；5—配流盘；6—中心轴；a—吸油窗口；b—压油窗口

3.2.2 叶片泵

叶片泵工作压力较高且具有流动流量脉动小、工作平稳、噪声较小、工作寿命较长等优点，但其结构复杂，吸油特性不太好，对油液的污染也比较敏感，所以它被广泛用于机械制造中的专用机床、自动线等中低液压系统中。

根据各密封工作容积在转子旋转一周吸、排油液次数的不同，叶片泵分为两类，即完成一次吸、排油液的单作用叶片泵和完成两次吸、排油液的双作用叶片泵。单作用叶片泵多为变量泵，工作压力最大为 7.0MPa；双作用叶片泵均为定量泵，一般最大工作压力也为 7.0MPa，结构经过改进的高压叶片泵的工作压力可达 16.0～21.0MPa。

1. 单作用叶片泵

1) 单作用叶片泵工作原理

图 3-6 所示为单作用叶片泵的工作原理图。单作用叶片泵由转子 1、定子 2、叶片 3、配油盘 4 和端盖等组成。转子由传动轴带动绕自身轴线旋转，定子固定不动，定子和转子偏心安放，两者偏心距为 e。定子具有圆柱形内表面，转子上均布槽，叶片可以在槽内灵活滑动。当转子旋转时，叶片在自身离心力以及通入叶片根部的压力油的作用下，紧贴定子内

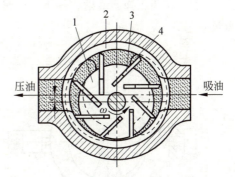

图 3-6 单作用叶片泵工作原理
1—转子；2—定子；3—叶片；4—配油盘

表面起密封作用，这样就在转子、定子、叶片和配油盘之间形成了若干个密封的工作容积。当转子如图方向转动时，右边的叶片逐渐伸出，相邻叶片的密封工作容积逐渐增大，形成局部真空，而开始通过配油盘的吸油窗口吸油；左边的叶片被定子的内表面逐渐压入槽内，相邻两叶片间的密封工作容积逐渐减小而压油。在吸油腔和压油腔之间有一段封油区，把吸油腔和压油腔分开。转子每转一周，相邻两叶片间的密封工作容积完成一次吸、压油，所以称为单作用式液压泵。转子在工作过程中受到来自压油腔的径向单向力，使轴承所受载荷较大，因此也称为单作用非卸荷叶片泵。

若将定子和转子的偏心距 e 做成可调的，则改变定子和转子之间的偏心距便可改变排量，因此这种泵多为变量泵。

单作用叶片泵的流量也是有脉动的,理论分析表明,泵内的叶片越多,流量脉动越小,奇数叶片泵的脉动率比偶数叶片泵的脉动率小,所以单作用叶片泵的叶片数均为奇数,一般为 13 片或 15 片。为了更有利于叶片在惯性力作用下向外伸出,叶片有一个与旋转方向相反的倾斜角,称为后倾角,一般为 24°。

2) 变量叶片泵

变量叶片泵通过改变转子和定子间的偏心距 e 来改变泵输出流量的大小。偏心距 e 的调节方法有手动调节和自动调节两种。自动调节有限压式、恒流量式和恒压式三类。比较常用的是限压式变量叶片泵。

限压式变量叶片泵的工作原理如图 3-7 所示,其转子的回转中心是固定的,而定子 2 是可以左右移动的,定子的右侧设置有反馈油缸 6 和活塞 4,左侧设置有调压弹簧 9 和调压螺钉 10,在调压弹簧的作用下,定子和转子有一初始中心距 e_0,而反馈油缸的作用油液来源于泵的压力油口,所以,泵在正常工作时,定子是在出口油的反馈压力和调压弹簧 9 的相互作用下,处于一个相对平衡的位置。

(1) 泵工作时,出口压力 p 经泵内通道作用在活塞 4 的面积 A 上,因此活塞上的作用力 F($F=pA$)与弹簧作用力方向相反。当 $pA=Kx_0$(K 为弹簧的弹性模量,x_0 为偏心量为 e_0 时弹簧的预压缩量)时,活塞受到的液压力与弹簧初始力平衡,此时的压力称为该泵的限定压力,用 p_B 表示,则 $p_B A=Kx_0$。

(2) 当泵刚开始工作,而泵的出口压力尚未建立起来时,或者当外部载荷较小而系统的油压很低时,系统压力 $p<p_B$,$pA<Kx_0$,活塞 4 上的作用力还不足以克服调压弹簧 9 的作用力,定子 2 在调压弹簧 9 的作用下处于最右边的位置,最大偏心距 e_0 保持不变,泵保持最大流量 q_{max}。

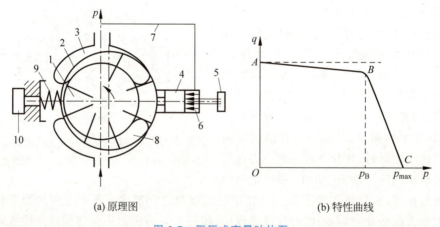

(a) 原理图　　　(b) 特性曲线

图 3-7　限压式变量叶片泵

1—转子；2—定子；3—压油口；4—活塞；5—螺钉；6—反馈油缸；
7—通道；8—吸油口；9—调压弹簧；10—调压螺钉

(3) 当系统压力 $p>p_B$ 时,$pA>Kx_0$：当泵的出口压力达到工作压力时,在系统压力作用下,活塞 4 克服了调压弹簧 9 的作用力而向左推动定子,使定子 2 在活塞 4 和调压弹簧 9 的共同作用下处于某一个相对平衡的工作位置,定子的偏心距及输出流量都处于一个相对平衡的状态；当外部载荷有变化时,引起的系统压力变化会导致泵的供油量做相应的变化调整,当外载增大引起系统压力升高时,定子 2 会在活塞 4 的作用下向左移动,导致偏心距减小,流量减小,液压执行元件的移动速度会相应减慢,当外载荷减小时,会引起定子向右移动,移动速度将相应加快;当泵的出口压力由于系统的超载或过载而超过调压弹簧 9 和调压螺钉 10 所调定的最高限定压力 p_{max} 时,调压弹簧 9 处于最大压缩状态,活塞 4 将定子 2 压到最左位置,此时的定子偏心距为 0,泵将停止向外供油,从而防止了出口压力的继续升高,起到了安全保护的作用。

在图 3-7(b)所示的特性曲线中,B 点为拐点,由调节螺钉调节弹簧的预压缩量来确定;C 点为极限压力,此时定子和转子的偏心距为零。在 AB 段,作用在反馈油缸活塞上的液压力小于弹簧的预压缩力,定子与转子的偏心量达到最大,泵输出最大流量。因为随着压力的增高,泵的泄漏量增加,泵的实际流量减小,线段 AB 略向下倾斜,拐点 B 之后,泵的输出流量随出口压力的升高而自动减小,如曲线 BC 段所示。到 C 点,输出流量为零。调节弹簧的预压缩量可改变 B 点的位置,而改变最大偏心距,从而改变泵的最大流量。由于泵的出口压力升至 C 点的压力时,泵的流量等于零,压力不会再增加,因此 C 点的压力是泵的最高压力 p_{max}。

限压式变量叶片泵结构复杂,轮廓尺寸较大,相对运动部件多,泄漏较大,转子轴上承受较大的不平衡径向液压力,噪声较大。但它能按外载和压力的波动自动调节流量,节省了能源,减小了油液的发热,对机械动作和变化的外载具有一定的自适应调整性。

2. 双作用叶片泵

双作用叶片泵的工作原理如图 3-8 所示,泵也是由定子 1、转子 2、叶片 3 和配油盘(图中未画出)等组成。转子和定子中心重合,定子内表面近似为椭圆形,该椭圆形由上下两段长半径圆弧、左右两段短半径圆弧和四段过渡曲线组成。当转子转动时,叶片在离心力和根部压力油的作用下,在槽内向外移动而压向定子内表面,在叶片、定子的内表面、转子的外表

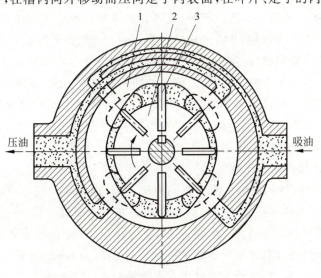

图 3-8 双作用叶片泵
1—定子;2—转子;3—叶片

面和两侧配油盘间就形成若干个密封空间。当转子按图示方向顺时针旋转时,处在小圆弧上的密封空间,经过渡曲线而运动到大圆弧的过程中,叶片外伸,密封空间的容积增大,形成局部真空,此时油箱中的液压油在大气压力的作用下被压入吸油腔;再从大圆弧经过渡曲线运动到小圆弧的过程中,叶片被定子内壁逐渐压进槽内,密封空间容积逐渐变小而将油液从压油口压出。当转子每转一周时,叶片泵完成两次吸油和压油,所以称为双作用叶片泵。由于有两个吸油腔和两个压油腔,并且各自的中心角起对称的作用,所以作用在转子上的油液压力相互平衡,因此双作用叶片泵又称为卸荷式叶片泵。

双作用叶片泵为了使叶片能从转子槽中顺利滑出,紧贴定子内表面,形成可靠的密封容积,叶片在转子槽中不是径向安装,而是沿转子旋转方向向前倾斜一定角度,一般取 10°～14°,以减小压力角。为了使径向力完全平衡,密封空间数(即叶片数)应当保持偶数。双作用叶片泵的流量脉动较小,流量脉动率在叶片数为 4 的倍数且大于 8 时最小,一般取叶片数为 12 片或 16 片。双作用叶片泵大多是定量泵。

3.2.3 齿轮泵

齿轮泵广泛地应用在各种液压机械上,它的优点是结构简单、紧凑,体积小,重量轻,转速高,自吸性能好,对油液污染不敏感,工作可靠,寿命长,便于维修以及成本低等;缺点是流量和压力脉动较大,噪声大(内啮合齿轮泵较小),排量不可变。按其结构不同,可分为外啮合齿轮泵和内啮合齿轮泵,其中以外啮合齿轮泵应用最广。

1. 外啮合齿轮泵

1) 工作原理

图 3-9 所示为外啮合齿轮泵结构示意图,外啮合齿轮泵是分离三片式结构,三片是指两个泵盖和泵体,泵体内装有一对齿数相同、宽度和泵体接近而又互相啮合的齿轮,这对齿轮与两端盖和泵体形成一密封腔,并由齿轮的齿顶和啮合线把密封腔划分为两部分,即吸油腔和压油腔。两齿轮分别用键固定在由滚针轴承支承的主动轴和从动轴上,主动轴由电动机带动旋转。当齿轮按图示方向旋转时,左侧吸油腔内的轮齿相继退出啮合,使密封工作腔容积增大,形成局部真空,经吸油口从油箱吸入油液,并将油液由旋转的轮齿带入右侧。右侧排油腔内的轮齿不断进入啮合,使密封容积变小,油液便被挤出排油口。随着齿轮的不断旋转,外啮合齿轮泵就连续地吸、排油液。

2) 外啮合齿轮泵存在的问题

(1) 泄漏。这里所指的泄漏是液压泵的内部泄漏,即一部分压力油由压油腔流回到吸油腔,这显然降低了泵的容积效率。外啮合齿轮泵有三条泄漏途径:一是齿轮啮合处的间隙,即齿侧间隙,这部分泄漏量占总泄漏量的 5%～10%;二是通过泵体定子环内孔与齿顶间的径向间隙,即齿顶间隙,这部分泄漏量占总泄漏量的 10%～15%;三是齿轮两端面和侧板间的泄漏,即端面间隙,这部分泄漏量占总泄漏量的 75%～80%。

减小端面泄漏是提高齿轮泵容积效率的主要途径。通常采用齿轮端面间隙自动补偿的方法,引入液压油使浮动轴套或浮动侧板紧贴于齿轮端面,压力越高,间隙越小,可自动补偿端面磨损和减小间隙。浮动轴套结构示意图如图 3-10 所示,在齿轮的左右两端分别设置了浮动轴套 1 和 2,并利用特制的通道把泵内压油腔引导到浮动轴套 1 和 2 的外侧,借助于液压作用力,使两轴套压向齿轮端面,使轴套始终自动贴紧齿轮轮端面,从而减小了泵内齿轮端面的泄漏,达到减少泄漏,提高工作压力的目的。

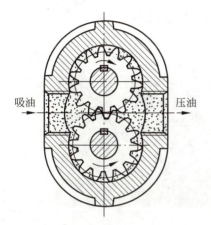

图 3-9　外啮合齿轮泵结构示意图

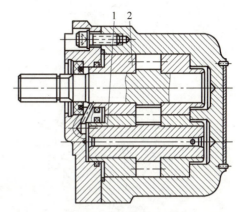

图 3-10　浮动轴套结构示意图

1、2—浮动轴套

(2) 齿轮泵的困油问题。为了使齿轮泵能连续平稳地供油,必须使齿轮啮合的重叠系数 ε>1,以保证工作的任一瞬间至少有一对轮齿在啮合。由于 ε>1,会出现两对轮齿同时啮合的情况,即原先一对啮合的轮齿尚未脱开,后面的一对轮齿已进入啮合。这样就在两对啮合的轮齿之间产生一个闭死的容积,使留在这两对轮齿之间的油液困在这个封闭的容积内,称为困油区。

随着齿轮的转动,困油区的容积逐渐减小,之后又逐渐增大。容积的减小会使被困油液受挤压而产生很高的压力,从缝隙中挤出,使油液发热,并使机件受到额外的负载;而容积增大又会造成局部真空,使油液中溶解的气体分离,产生空穴现象,这就是困油现象。其封闭容积的变化如图 3-11 所示。困油现象使齿轮泵产生强烈的噪声和气蚀,影响其工作平稳性,缩短其寿命。

消除困油的方法通常是在两端盖上开卸荷槽,见图 3-11。当闭死容积减小时,通过右边的卸荷槽与压油腔相通,而闭死容积增大时,通过左边的卸荷槽与吸油腔相通。两卸荷槽的间距必须确保在任何时候都不使吸、排油相通。

(3) 齿轮泵的径向不平衡力。齿轮泵工作时,在齿轮和轴承上承受径向液压力的作用。如图 3-12 所示,泵的下侧为吸油腔,上侧为压油腔。在压油腔内有液压力作用于齿轮上,沿着齿顶的泄漏油,具有大小不等的压力,就是齿轮和轴承受到的径向不平衡力。液压力越高,这个不平衡力就越大,其结果不仅加速了轴承的磨损,降低了轴承的寿命,而且使轴变形,造成齿顶和泵体内壁的摩擦等。通常采用缩小压油口的方法来减小径向不平衡力,使压油腔的压力油仅作用于一个到两个齿的范围内,同时增大径向间隙,使齿顶不和泵体接触并在支撑上多采用滚针轴承或滑动轴承。有的高压齿轮泵采用在端盖上开设平衡槽的办法来减小径向不平衡力。

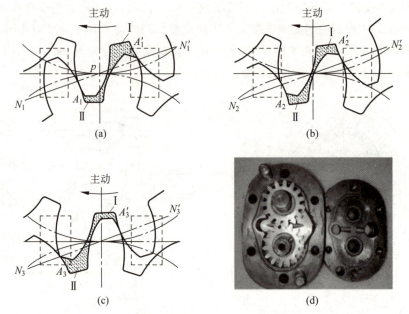

图 3-11 齿轮泵的困油现象

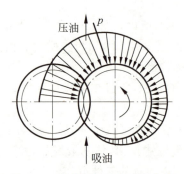

图 3-12 齿轮泵的径向不平衡力

2. 内啮合齿轮泵

常用的内啮合齿轮泵,其齿形曲线有渐开线齿轮泵和摆线齿轮泵两种。内啮合齿轮泵的工作原理和主要特点与外啮合齿轮泵基本相同,如图 3-13 所示,小齿轮为主动轮,若按图示方向旋转,轮齿退出啮合时容积增大而吸油,轮齿进入啮合时容积减小而压油。在渐开线齿形内啮合齿轮泵腔中,小齿轮和内齿圈之间要安装一块月牙形隔板,以便将压油腔和吸油腔隔开,如图 3-13(a)所示。摆线齿形内啮合齿轮泵的小齿轮和内齿圈相差一齿,因而不需设置隔板,如图 3-13(b)所示。

随着工业技术的发展,摆线齿轮泵的应用将会越来越广泛。

3. 螺杆泵

螺杆泵实质上是一种外啮合摆线齿轮泵,按其螺杆根数有单螺杆泵、双螺杆泵、三螺杆泵、四螺杆泵和五螺杆泵等;按螺杆的横截面分为摆线齿形、摆线-渐开线齿形和圆形齿形

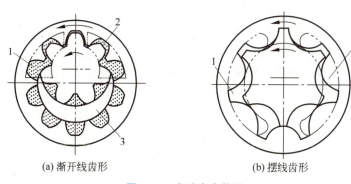

(a) 渐开线齿形　　　　　(b) 摆线齿形

图 3-13　内啮合齿轮泵

1—吸油腔；2—压油腔；3—月牙板

三种不同形式的螺杆泵。

图 3-14 为三螺杆泵结构图。三个相互啮合的双头螺杆封装在壳体内，主动螺杆为凸螺杆，从动螺杆为凹螺杆，三个螺杆的啮合线把主动螺杆和从动螺杆的螺旋槽分隔成多个相互独立的密封工作腔。当主动杆顺时针转动时，螺杆每转一周，密封腔内的液体向前推进一个螺距，随着螺杆的连续转动，一个一个的密封容积在左端生成，不断从左向右移动，液体以螺旋方式从一个密封腔压向另一个密封腔，最后挤出泵体。密封腔在左边形成时，它的容积逐渐增大，从吸油口吸油；而在右端密封腔，密封容积逐渐减小，进行压油。螺杆越长，吸油腔和压油腔之间的密封层次越多，泵的额定压力就越高。

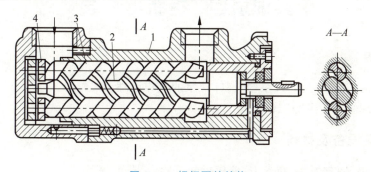

图 3-14　螺杆泵的结构

1—泵体；2—主动杆；3—从动杆；4—轴承

螺杆泵与其他容积式液压泵相比，具有结构紧凑、体积小、重量轻、自吸能力强、运转平稳、流量无脉动、噪声小、容积效率高（可达 90%～95%）、对油液污染不敏感及工作寿命长等优点。目前常用在精密机床上和用来输送黏度大或含有颗粒物质的液体。但螺杆泵齿形和加工工艺复杂，加工精度要求高，需要专门加工设备，成本较高，故应用受到一定限制。

3.3　液压泵的选用

选用液压泵的原则是：根据主机的工况、功率大小和系统对工作性能的要求，首先确定液压泵的类型，然后按系统所要求的压力、流量大小确定其规格型号。

一般来说,由于各类液压泵有各自突出的特点,其结构、功用和转动方式各不相同,因此应根据不同的使用场合选择合适的液压泵。一般在负载小、功率小的机械设备中,可用齿轮泵、双作用叶片泵;在磨床等精度较高的机械设备中可用双作用叶片泵;在负载较大并有快速和慢速工作行程的机械设备中可使用限压式变量叶片泵,如组合机床;对负载大、功率大的机械设备,如龙门刨床、拉床,可使用柱塞泵;而在机械设备的辅助装置,如送料、夹紧等不重要的地方,可使用价格便宜的齿轮泵。表 3-2 列出了液压系统常用液压泵的主要性能。

表 3-2 液压系统中常用液压泵的性能比较

性　　能	外啮合齿轮泵	双作用叶片泵	限压式变量叶片泵	径向柱塞泵	轴向柱塞泵	螺杆泵
输出压力	低压	中压	中压	高压	高压	低压
流量调节	不能	不能	能	能	能	不能
效率	低	较高	较高	高	高	较高
输出流量脉动	很大	很小	一般	一般	一般	最小
自吸特性	好	较差	较差	差	差	好
对油的污染敏感性	不敏感	较敏感	较敏感	很敏感	很敏感	不敏感
噪声	大	小	较大	大	大	最小

实训项目:拆装叶片泵

实训目的

(1) 通过拆装 YB6 型叶片泵,掌握叶片泵的工作原理。
(2) 加深理解叶片泵的工作原理。

实训工具设备及材料

内六角扳手、固定扳手、螺丝刀、液压拆装试验台、柴油等。

实训内容

拆装 YB6 型叶片泵,观察并了解各零件在叶片泵中的作用,了解叶片泵的工作原理,按一定的步骤装配叶片泵。

实训步骤

1. 叶片泵拆开程序

(1) 将泵的吸油口和排油口的管接头拆下。
(2) 拆下泵壳的安装螺钉。
(3) 泵的外壳全部清洗吹净后,仔细地取下端盖。
(4) 把泵的内部定位销位置看清楚并记住。

(5) 取出内部总成,将侧板与转子同时取出;将叶片和定子仔细取出放好。

(6) 叶片拿出后,数一下数量,注意不要丢失,注意正背面。

(7) 把轴侧的联轴器在旋松紧定螺钉后取下,在咬死的情况下用锤子打松或用拉拔工具拆下。

(8) 把轴上的键取下,检查轴上花键的沟槽是否有伤痕和毛刺,如有,用油石修光。

(9) 将轴侧的盖子螺钉拆下,分离盖子,注意不要损伤轴封。

(10) 拆下的零件不要与前面拆下的内部总成的零件混淆。

2. 液压泵重装程序

(1) 把壳体内外用清洗油清洗干净,将铁锈和毛刺用砂皮和油石子仔细地除去。

(2) 将清洁后的叶片、转子、侧板正确安装成内部总成。

(3) 在轴侧壳体内和内部总成涂以充分的工作油,然后慎重地将内部总成装入壳体内。

(4) 销子正确装入销孔内,轻轻左右转动转子,看是否装得对。

(5) 检查盖子轴封后,抹上润滑油,再将油封装入。

(6) 慎重地安装盖子,注意要一次装入,不要拉出,否则要进行重装。

(7) 将盖子压住,拧上一定长度的螺钉。用手可慢慢转动轴,否则要拧松外螺钉。泵盖上的螺钉应交互地一点点均匀拧紧,直到拧紧到规定的力矩为止。如拧紧力矩不够,泵的效率就会降低;而拧紧力矩过大,则容易出现咬死现象。

(8) 由联轴器将泵和电动机连接在一起,偏心距小于 0.01mm,接通开关,开始点动,然后空载运转,再缓缓升高压力,如有异常,立即停车检查。

复习与思考

1. 容积式液压泵必须满足的基本条件是什么?为什么油箱的压力必须大于等于一个大气压?

2. 说出液压泵排量、理论流量、实际流量、容积效率、机械效率的概念。

3. 齿轮泵的压力提高主要受到哪些因素影响?可采取哪些措施提高齿轮泵的压力?

4. 柱塞泵是如何实现变量和变向的?

5. 某液压泵的转数为 950r/min,排量为 168mL/r,在额定压力 29.5MPa 和同样转速下,测得的实际流量为 150L/min,额定工况下的总效率为 0.87,求:

(1) 泵的理论流量 q_t。

(2) 泵的容积效率 η_v 和机械效率 η_m。

(3) 泵在额定工况下,所需电动机驱动功率 P_i。

6. 某液压泵的输出油压 10MPa,转速 1450r/min,排量 200mL/r,容积效率 0.95,总效率为 0.9,求泵的输出功率和电动机的驱动功率。

国之重器：蓝鲸 1 号

2017 年 2 月 13 日，由中集集团旗下山东烟台中集来福士海洋工程有限公司（简称"中集来福士"）建造的半潜式钻井平台"蓝鲸 1 号"命名交付。

该平台长 117m、宽 92.7m、高 118m、最大作业水深 3658m、最大钻井深度 15240m，适用于全球深海作业。与传统单钻塔平台相比，"蓝鲸 1 号"配置了高效的液压双钻塔和全球领先的 DP3 闭环动力管理系统，可提升 30% 作业效率，节省 10% 的燃料消耗（图 3-15）。

"蓝鲸 1 号"代表了当今世界海洋钻井平台设计建造的最高水平，将我国深水油气勘探开发能力带入世界先进行列，也是提升国家高端能源装备实力的重要实践。

图 3-15　蓝鲸 1 号

第4章 液压执行元件

第4章微课视频

液压执行元件是将流体的压力能转换为机械能的元件,它驱动机构运动。液压执行元件分为两类:液压马达和液压缸。做摆动的称为摆动液压马达,做旋转运动的称为液压马达,做直线往复运动的称为液压缸。

4.1 液压马达

从工作原理上讲,液压传动中的泵和马达都是靠工作腔密闭容器的容积变化而工作的。所以说泵可以做马达用,反之也一样,即泵与马达有可逆性,实际上由于二者工作状况不一样,为了更好地发挥各自的工作性能,在结构上存在一些差别如下。

(1) 液压马达是依靠输入压力油来启动的,密封容腔必须有可靠的密封。

(2) 液压马达往往要求能正、反转,因此它的配流机构应该对称,进、出油口的大小相等。

(3) 液压马达是依靠泵输出压力来进行工作的,不需要具备自吸能力。

(4) 液压马达要实现双向转动,高、低压油口要能相互变换,故采用外泄式结构。

(5) 液压马达应有较大的启动转矩,为使启动转矩尽可能接近工作状态下的转矩,要求马达的转矩脉动小,内部摩擦小,齿数、叶片数、柱塞数比泵多一些。同时,马达轴向间隙补偿装置的压紧力系数也比泵小,以减小摩擦。

虽然马达和泵的工作原理是可逆的,但由于上述原因,同类型的泵和马达一般不能通用。

4.1.1 液压马达的分类

液压马达与液压泵一样,按其结构形式分仍有齿轮式、叶片式和柱塞式;按其排量是否可调仍有定量式和变量式。液压马达一般根据其转速分类,有高速液压马达和低速液压马达两类。一般认为,额定转速高于 500r/min 的马达属于高速液压马达;额定转速低于 500r/min 的马达属于低速液压马达。高速马达转速高,便于启动和制动,但输出转矩不大,故又称为高速小转矩液压马达。低速液压马达的输出转矩较大,所以又称为低速大转矩液压马达。低速液压马达的主要缺点是:体积大,转动惯量大,制动较为困难。此外,有些液压马达只能做小于某一角度的摆动运动,称为摆动液压马达。

液压马达的图形符号如图 4-1 所示。

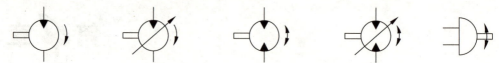

(a) 单向定量液压马达　　(b) 单向变量液压马达　　(c) 双向定量液压马达　　(d) 双向变量液压马达　　(e) 摆动马达

图 4-1　液压马达的图形符号

4.1.2　液压马达主要性能参数

1. 容积效率和转速

液压马达的容积效率 η_v 是理论流量和实际流量之比,即

$$\eta_v = \frac{q_t}{q} = \frac{nV}{q} \tag{4-1}$$

液压马达的转速 n 为

$$n = \frac{q}{V}\eta_v \tag{4-2}$$

式中:q_t 为液压马达的理论流量,m^3/s;q 为液压马达的实际排量,m^3/s;V 为液压马达的排量,m^3/r;n 为液压马达的转速,r/min。

2. 转矩和机械效率

设马达的进出口压力差为 Δp,排量为 V,则马达的理论输出转矩 T_t(单位为 N·m)为

$$T_t = \frac{\Delta p V}{2\pi} \tag{4-3}$$

由于液压马达内部不可避免地存在各种摩擦,马达的实际输出转矩 T 总比理论转矩小,即

$$T = \frac{\Delta p V}{2\pi}\eta_m \tag{4-4}$$

式中:η_m 为液压马达的机械效率,$\eta_m = \frac{T}{T_t}$。

3. 功率和总效率

液压马达的输入功率(单位为 kW)为

$$P_i = \Delta p q \tag{4-5}$$

输出功率为

$$P_o = 2\pi n T \tag{4-6}$$

液压马达的总效率为

$$\eta = \frac{P_o}{P_i} = \frac{2\pi nT}{\Delta pq} = \frac{2\pi nT}{\Delta p \dfrac{Vn}{\eta_v}} = \frac{T}{\Delta p \dfrac{V}{2\pi}} \eta_v = \frac{T}{T_t} \eta_v = \eta_m \eta_v \tag{4-7}$$

4.1.3 液压马达的工作原理

1. 轴向柱塞马达

轴向柱塞式液压马达的结构形式基本上与轴向柱塞泵一样,故其种类与轴向柱塞泵相同,也分为斜盘式轴向柱塞式液压马达和斜轴式轴向柱塞式液压马达两类。下面以轴向柱塞马达为例说明其工作原理。

图 4-2 是轴向柱塞马达的工作原理图。图中配油盘 4 和斜盘 1 固定不动,缸体 2 及其上的柱塞 3 可随马达轴 5 一起转动。当压力油经配油盘 4 的窗口进入柱塞孔底部时,柱塞 3 受压力油作用而外伸,紧贴斜盘 1。这时,斜盘 1 对柱塞 3 产生一个反作用力 F,由于斜盘存在倾角 α,所以 F 分解为轴向力 F_x 和垂直分力 F_y。F_x 与柱塞上的液压力相平衡,F_y 则使柱塞对缸体中心产生一个转矩,带动马达轴逆时针方向旋转。轴向柱塞马达产生的瞬时总转矩是脉动的。若改变马达压力油输入方向,则马达轴 5 按顺时针方向旋转。斜盘倾角 α 的改变,即排量的变化,不仅影响马达的转矩,而且影响它的转速和转向。斜盘倾角越大,产生转矩越大,转速越低。

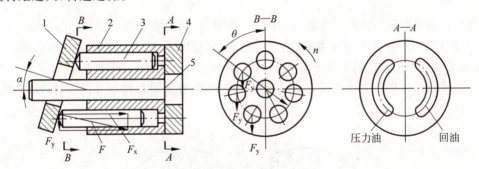

图 4-2 轴向柱塞马达工作原理

1—斜盘;2—缸体;3—柱塞;4—配油盘;5—马达轴

2. 叶片式液压马达

图 4-3 是叶片式液压马达的工作原理图。当高压油从进油口进入压油腔 a 而进入工作区段的叶片 2 和 6 之间的容积时,叶片 2 和 6 的两侧均受压力油 p_M 作用而不产生转矩,而叶片 1 和 5、3 和 7 都有一侧受高压油作用,一侧受低压油作用。由于叶片 3 和 7 伸出的面积大于叶片 1 和 5 伸出的面积,所以产生使转子顺时针方向的转矩。改变进油方向即可变转子的转动方向。

由于液压马达一般都要求能正、反转,所以叶片式液压马达的叶片要径向放置,叶片倾角 $\theta=0$。为了使叶片根部始终通有压力油,在回、压油腔通往叶片根部的通路上应设置单向阀。为了确保叶片式液压马达在压力油通入后,回、压油腔不致串通并能正常启动,必须使叶片顶部和定子内表面紧密接触,以保证良好的密封,因此在叶片根部应设置预紧弹簧。

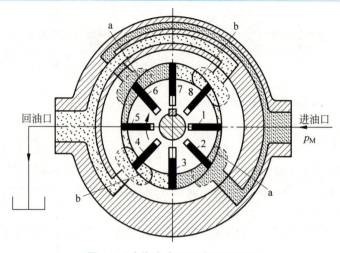

图 4-3 叶片式液压马达工作原理

1~8—叶片；a—压油腔；b—回油腔

叶片式液压马达体积小，转动惯量小，动作灵敏，适用于换向频率较高的场合，但其泄漏量较大，低速工作时不稳定，因此叶片式液压马达一般用于转速高、转矩小、动作要求灵敏、机械性能要求不很严格的场合。

3. 齿轮液压马达

外啮合齿轮液压马达的工作原理如图 4-4 所示，一对外啮合齿轮 Ⅰ、Ⅱ 在高压区有五个轮齿 A、B、C、D、E，轮齿在 y 点啮合，啮合点将高、低压区隔开，当高压油进入马达的高压腔时，齿轮 Ⅰ 啮合点上方的齿面将产生使齿轮 Ⅰ 逆时针转动的转矩，齿轮 Ⅱ 的 C 齿面和 E 齿面承压面积之差也将产生使齿轮 Ⅱ 顺时针转动的转矩，使齿轮按图示方向旋转，油液被带到低压腔排出。

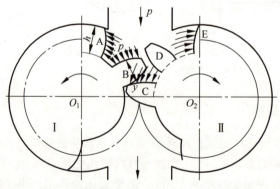

图 4-4 外啮合齿轮液压马达工作原理

齿轮马达在结构上为了适应正、反转要求，进、出油口大小相等，具有对称性，有单独外泄油口将轴承部分的泄漏油引出壳体外；为了减少启动摩擦力矩，采用滚动轴承；为了减小转矩脉动，齿轮液压马达的齿数比泵要多。

齿轮液压马达由于密封性差，容积效率较低，输入油压力不能过高，不能产生较大转矩，并且瞬间转速和转矩随着啮合点的位置变化而变化，因此齿轮液压马达仅适用于高速小转矩的场合,一般用于工程机械、农业机械以及对转矩均匀性要求不高的机械设备上。

4. 摆动液压马达

摆动液压马达是输出转矩并实现往复摆动的执行元件,又称为摆动缸,有单叶片式和双叶片式两种形式。单叶片摆动液压马达的摆动角度一般不超过280°;双叶片摆动液压马达的摆动角度不超过150°,但可得到更大的输出转矩。摆动液压马达的主要特点是结构紧凑。

图4-5(a)、(b)为叶片式摆动液压马达的工作原理图,定子块固定在缸体上,叶片与输出轴连成一体,两油口交替通入压力油时,叶片即带动输出轴做往复摆动。

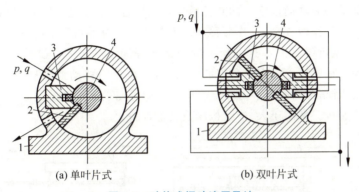

图4-5 叶片式摆动液压马达
1—缸体;2—叶片;3—定子块;4—摆动轴

叶片式摆动液压马达常用于机床送料装置、回转夹具、机器人手臂及工程机械回转机构等液压系统中。

4.2 液压缸

4.2.1 液压缸的类型及特点

液压缸的种类很多,按其作用来分,有单作用缸和双作用缸;按其结构形式分为活塞缸、柱塞缸和摆动缸三类。活塞缸和柱塞缸实现往复运动,输出力和速度,摆动缸则能实现小于360°的往复摆动,输出转矩和角速度。液压缸除单个使用外,还可以几个组合起来,或和杠杆、连杆、齿轮齿条等机构组合起来,以完成特殊的功用,因此液压缸的应用十分广泛。液压缸的图形符号见表4-1。

表4-1 液压缸图形符号

类型	活塞式液压缸		柱塞缸	组合缸	
	双杆液压缸	单杆液压缸		增压缸	双作用伸缩缸
图形符号				p_1　　p_2	

1. 活塞式液压缸

活塞式液压缸按结构形式可分为双杆式和单杆式两种,其安装形式有缸体固定式和活塞杆固定式。

1) 双杆活塞式液压缸

活塞两端都有一根直径相等的活塞杆伸出的液压缸称为双杆活塞式液压缸,它一般由缸体、缸盖、活塞、活塞杆和密封件等零件构成。根据安装方式不同可分为缸筒固定式和活塞杆固定式两种。

图 4-6(a)所示的为缸筒固定式的双杆活塞式液压缸。它的进、出口布置在缸筒两端,活塞通过活塞杆带动工作台移动,工作台移动范围等于活塞有效行程 l 的三倍($3l$),占地面积大,一般适用于小型机床。图 4-6(b)所示的为活塞杆固定的形式。缸筒与工作台相连,活塞杆通过支架固定在机床上。在这种安装形式中,工作台的移动范围只等于液压缸有效行程 l 的两倍($2l$),因此占地面积小,进、出油口可以设置在固定不动的空心的活塞杆的两端,但必须使用软管连接。常用于大、中型机床及其他设备上。

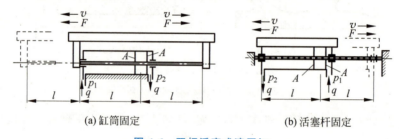

(a) 缸筒固定　　　　　(b) 活塞杆固定

图 4-6　双杆活塞式液压缸

由于双杆活塞缸两端的活塞杆直径通常是相等的,因此它左、右两腔的有效面积也相等,当分别向左、右腔输入相同压力和相同流量的油液时,液压缸左、右两个方向的推力和速度相等。当活塞的直径为 D,活塞杆的直径为 d,液压缸进、出油腔的压力为 p_1 和 p_2,输入流量为 q 时,双杆活塞缸的推力 F 和速度 v 为

$$F = A(p_1 - p_2) = \frac{\pi}{4}(D^2 - d^2)(p_1 - p_2) \tag{4-8}$$

$$v = \frac{q}{A} = \frac{4q}{\pi(D^2 - d^2)} \tag{4-9}$$

式中:A 为活塞的有效工作面积。

双杆活塞式液压缸在工作时,设计成一个活塞杆是受拉的,而另一个活塞杆不受力,因此这种液压缸的活塞杆可以做得细一些。

2) 单杆活塞式液压缸

如图 4-7 所示,活塞只有一端带活塞杆,单杆活塞式液压缸也有缸体固定和活塞杆固定两种形式,但它们的工作台移动范围都是活塞有效行程的两倍。

由于液压缸两腔的有效工作面积不等,因此它在两个方向上的输出推力和速度也不相等。

(1) 无杆腔进油,如图 4-7(a)所示,回油压力为零时,产生的推力 F_1 和运动速度 v_1 为

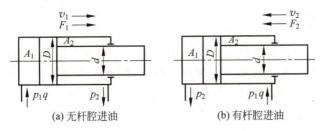

(a) 无杆腔进油　　　　　(b) 有杆腔进油

图 4-7　单杆活塞式液压缸的工作原理

$$F_1 = p_1 A_1 = \frac{\pi D^2}{4} p_1 \tag{4-10}$$

$$v_1 = \frac{q}{A_1} = \frac{4q}{\pi D^2} \tag{4-11}$$

（2）有杆腔进油，如图 4-7(b)所示，回油压力为零时，产生的推力 F_2 和运动速度 v_2 为

$$F_2 = p_1 A_2 = \frac{\pi}{4}(D^2 - d^2) p_1 \tag{4-12}$$

$$v_2 = \frac{q}{A_2} = \frac{4q}{\pi(D^2 - d^2)} \tag{4-13}$$

（3）差动油缸。单杆活塞式液压缸左、右两腔连通并同时通入液压油时称为差动连接。如图 4-8 所示，差动连接缸左、右两腔的油液压力相同，但是由于左腔（无杆腔）的有效面积大于右腔（有杆腔）的有效面积，故活塞向右运动，同时使右腔中排出的油液（流量为 q'）也进入左腔，加大了流入左腔的流量（$q+q'$），从而也加快了活塞移动的速度。实际上活塞在运动时，由于差动连接时两腔间的管路中有压力损失，所以右腔中油液的压力稍大于左腔中油液的压力，而这个差值一般都较小，可以忽略不计，则差动连接时活塞推力 F_3 和运动速度 v_3 为

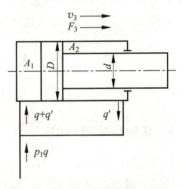

图 4-8　差动连接

$$F_3 = p_1(A_1 - A_2) = \frac{\pi d^2}{4} p_1 \tag{4-14}$$

$$v_3 = \frac{4q}{\pi d^2} \tag{4-15}$$

通过上述分析，可以看出，差动连接时，液压缸的运动速度较快，产生的推力较小。因此，差动连接常用于空载快进场合。

实际生产中，单杆活塞式液压缸常用在需要实现"快进（v_3）→工进（v_1）→快退（v_2）"工作循环的组合机床液压传动系统中，当要求"快进"和"快退"的速度相等，即 $v_3 = v_2$，由式（4-13）和式（4-15）可得

$$D = \sqrt{2} d \tag{4-16}$$

活塞式液压缸应用非常广泛，但由于活塞式液压缸缸孔加工精度要求很高，工作行程较长时，加工难度较大，制造成本较高。

2. 柱塞式液压缸

图 4-9(a)所示为单作用式柱塞缸,它只能实现一个方向的液压传动,反向运动要靠外力(自动或弹簧力等)来实现。若需要实现双向运动,则必须成对使用,如图 4-9(b)所示。这种液压缸中的柱塞和缸筒不接触,运动时由缸盖上的导向套来导向,因此缸筒的内壁不需精加工,工艺性好,特别适用于行程较长的场合。

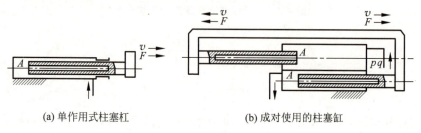

(a) 单作用式柱塞杠　　　　(b) 成对使用的柱塞缸

图 4-9　柱塞式液压缸

柱塞缸的柱塞端面是受压面,其面积大小决定了柱塞缸的输出速度和推力,为保证柱塞缸有足够的推力和稳定性,一般柱塞较粗,质量较大,水平安装时易产生单边磨损,故柱塞缸适宜于垂直安装使用。为减轻柱塞的重量,一般将其制成空心的。

当柱塞的直径为 d、输入液压油流量为 q 时,柱塞缸输出的推力 F 和速度 v 各为

$$F = pA = \frac{\pi d^2}{4} p \tag{4-17}$$

$$v = \frac{q}{A} = \frac{4q}{\pi d^2} \tag{4-18}$$

3. 其他形式液压缸

1) 伸缩式液压缸

伸缩式液压缸又称多级缸,由两级或多级活塞式液压缸套装而成,前一级活塞缸的活塞是后一级活塞缸的缸筒。活塞伸出的顺序是从大到小,相应的推力也是由大到小,而伸出的速度则由慢变快;空载缩回的顺序一般是先小活塞再大活塞。收缩后液压缸总长度较短,占地空间较小,结构紧凑。

图 4-10(a)所示为单作用式伸缩缸,它的回程需要借助外力(如重力)完成。图 4-10(b)所示为双作用式伸缩缸靠液压油作用回程。伸缩式液压缸广泛运用于工程机械和其他行走机械,如起重机伸缩臂液压缸、自卸汽车举升液压缸等。

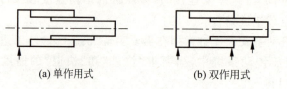

(a) 单作用式　　　　(b) 双作用式

图 4-10　伸缩缸

2) 齿条活塞式液压缸

齿条活塞式液压缸又称无杆缸,它由一根带有齿条杆的双活塞缸和一套齿轮齿条传动

机构构成,如图 4-11 所示,压力油推动活塞往复运动,经齿轮齿条机构变成齿轮轴往复旋转,从而带动工作部件做周期性的往复旋转运动,齿条活塞式液压缸常用于自动线、组合机床等设备的转位或分度机构的液压系统中。

3) 增压缸

增压缸也称增压器,与活塞式液压缸相类似,但不是将液压能转换为机械能,而是液压能的传递,使之增压,将输入的低压油转变成高压油供液压系统中的高压支路使用,图 4-12 所示是增压缸的工作原理,当低压油 p_1 推动直径为 D_1 的大活塞向右移动时,也推动与其连成一体的直径为 D_2 的小活塞,由于大活塞和小活塞面积不同,因此小柱塞缸输出的压力 p_2 要比 p_1 大,p_2 可由下式求出

$$p_2 = \frac{A_1}{A_2}p_1 = \left(\frac{D_1}{D_2}\right)^2 p_1 = Kp_1 \tag{4-19}$$

式中:$K = D_1^2/D_2^2$ 称为增压比,它表示增压缸的增压能力。显然,增压能力是在降低有效流量的基础上得到的($q_2 = q_1/K$),增压能力越强,则输出的流量越小。

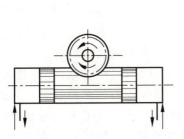
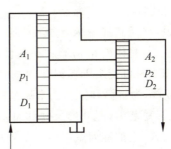

图 4-11 齿条活塞式液压缸　　图 4-12 增压缸的工作原理图

4.2.2 液压缸的典型结构和组成

1. 典型结构

图 4-13 所示为空心双杆活塞式液压缸的结构,其安装形式为活塞杆固定,缸筒和工作台固联在一起。液压缸的左、右两腔是通过径向孔 a、c,经空心活塞杆 1 和 15 的中心孔与油

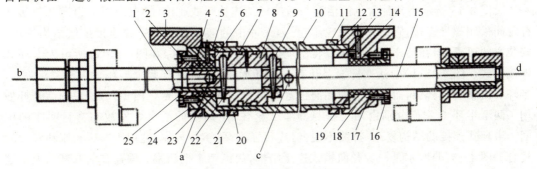

图 4-13 空心双杆活塞式液压缸

1、15—空心活塞杆;2—堵头;3—托架;4、7、17—密封圈;5、14—排气孔;6、19—导向套;8—活塞;9、22—锥销;10—缸筒;11、20—压板;12、21—钢丝环;13、23—纸垫;16、25—压盖;18、24—缸盖

口 b 和 d 相通的。空心活塞杆 1 和 15 固定在床身上,缸筒 10 与工作台固联在一起,当油口 d 接通压力油,压力油经空心活塞杆 15 的中心孔及径向孔 c 进入液压缸右腔,左腔的油液经径向孔 a 和空心活塞杆 1 的中心孔回油,此时缸筒向右移动,反之缸筒则向左移动。缸盖 18 和 24 通过螺钉与压板 11 和 20 相连,左缸盖 24 空套在托架 3 的孔内,可以自由伸缩。空心活塞杆 1 和 15 的一端用堵头堵死,并通过锥销 9 和 22 与活塞 8 相连。缸筒相对于活塞运动,由左、右两个导向套 6 和 19 导向。活塞和缸筒之间、缸盖和活塞杆之间以及缸盖和缸筒之间分别用密封圈进行密封,以防止油液的内外泄漏。缸筒在接近行程的左、右终端时,径向孔 a 和 c 的开口逐渐减小,对工作台起制动作用。为了排除液压缸中的空气,缸盖上设置有排气孔 5 和 14。

2. 液压缸的组成

从上面所述的液压缸典型结构中可以看到,液压缸的结构基本上可以分为缸筒和缸盖、活塞和活塞杆、密封装置、缓冲装置和排气装置五个部分。

1)缸筒和缸盖

一般来说,缸筒和缸盖承受油液的压力,因此要有足够的强度、刚度,较高的表面精度和可靠的密封性,其具体的结构形式和其使用的材料有关。工作压力小于 10MPa 时可用铸铁,小于 20MPa 时可使用无缝钢管,大于 20MPa 时可使用铸铁或锻钢。

图 4-14 所示为缸筒和缸盖的常见结构形式。图 4-14(a)所示为法兰连接式,结构简单,容易加工,也容易装拆,但外形尺寸和重量都较大,常用于铸铁制的缸筒上。图 4-14(b)所示为半环连接式,它的缸筒壁部因开了环形槽而削弱了强度,为此有时要加厚缸壁,它容易加工和装拆,重量较轻,常用于无缝钢管或锻钢制的缸筒上。图 4-14(c)所示为螺纹连接式,它的缸筒端部结构复杂,外径加工时要求保证内外径同心,装拆要使用专用工具,它的外形尺寸和重量都较小,常用于无缝钢管或铸钢制的缸筒上。图 4-14(d)所示为拉杆连接式,结构的通用性强,容易加工和装拆,但外形尺寸较大,且较重。图 4-14(e)所示为焊接连接式,结构简单,尺寸小,但缸底处内径不易加工,且可能引起变形。

2)活塞和活塞杆

一般可以把短行程液压缸的活塞杆与活塞做成一体,这是最简单的形式。但当行程较长时,这种整体式活塞组件的加工较费事,所以常把活塞与活塞杆分开制造,然后再连接成一体。图 4-15 所示为几种常见的活塞与活塞杆的连接形式。图 4-15(a)所示为活塞与活塞杆之间采用螺母连接,它适用负载较小、受力无冲击的液压缸中。螺纹连接虽然结构简单,安装方便可靠,但在活塞杆上车螺纹将削弱其强度。图 4-15(b)和图 4-15(c)所示为卡环式连接方式。图 4-15(b)中活塞杆 5 上开有一个环形槽,槽内装有两个半环 3 以夹紧活塞 4,半环 3 由轴套 2 套住,而轴套 2 的轴向位置用弹簧卡圈 1 来固定。图 4-15(c)中的活塞杆使用了两个半环 4,它们分别由两个密封圈座 2 套住,半圆形的活塞 3 安放在密封圈座的中间。半环式连接的结构复杂,拆装不便,但连接强度高,工作可靠,适用于高压和振动较大的场合。图 4-15(d)所示是一种径向销式连接结构,用锥销 1 把活塞 2 固连在活塞杆 3 上。这种连接方式特别适用于双出杆式活塞。

3)密封装置

液压缸的泄漏直接影响到液压缸的工作性能和效率,泄漏严重时会使系统压力上不去,

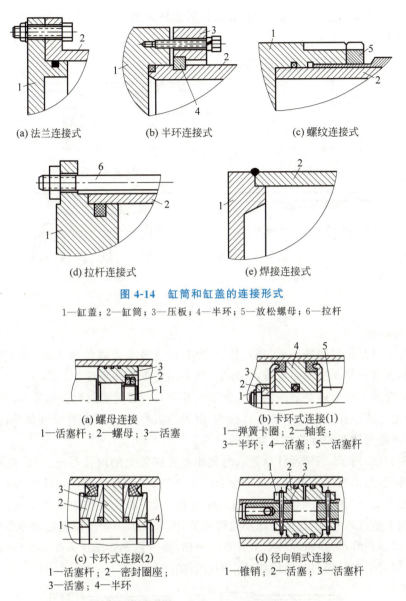

图 4-14 缸筒和缸盖的连接形式

1—缸盖；2—缸筒；3—压板；4—半环；5—放松螺母；6—拉杆

图 4-15 常见的活塞组件结构形式

甚至无法工作，并且外泄漏还会污染环境，因此液压缸中必须采取相应的密封措施。

液压缸中常见的密封装置如图 4-16 所示。图 4-16(a)所示为间隙密封，它依靠运动间的微小间隙来防止泄漏。它的结构简单，摩擦阻力小，可耐高温，但泄漏大，加工要求高，磨损后无法恢复原有能力，只有在尺寸较小、压力较低、相对运动速度较高的缸筒和活塞间使用。图 4-16(b)所示为摩擦环密封，它依靠套在活塞上的摩擦环（尼龙或其他高分子材料制成）在 O 形密封圈弹力作用下贴紧缸壁而防止泄漏。这种材料效果较好，摩擦阻力较小且稳定，可耐高温，磨损后有自动补偿能力，但加工要求高，装拆较不便，适用于缸筒和活塞之间的密封。图 4-16(c)、(d)所示为 O 形圈、V 形圈密封，它利用橡胶或塑料的弹性使各种截面的环形圈贴紧在静、动配合面之间来防止泄漏。它结构简单，制造方便，磨损后有自动补偿能力,性能可靠,在缸筒和活塞之间、缸盖和活塞杆之间、活塞和活塞杆之间、缸筒和缸盖之间都能使用。

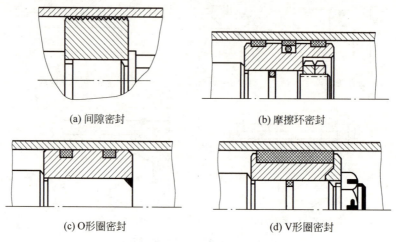

(a) 间隙密封　　(b) 摩擦环密封
(c) O形圈密封　　(d) V形圈密封

图 4-16　密封装置

4）缓冲装置

液压缸一般都设置缓冲装置,特别是对大型、高速或要求高的液压缸,为了防止活塞在行程终点时和缸盖相互撞击引起噪声、冲击,则必须设置缓冲装置。

缓冲装置的工作原理是利用活塞或缸筒在其走向行程终端时封住活塞和缸盖之间的部分油液,强迫它从小孔或细缝中挤出,以产生很大的阻力,使工作部件受到制动,逐渐减慢运动速度,达到避免活塞和缸盖相互撞击的目的。

如图 4-17(a)所示,当缓冲柱塞进入与其相配的缸盖上的内孔时,孔中的液压油只能通过间隙 δ 排出,使活塞速度降低。由于配合间隙不变,故随着活塞运动速度的降低,起缓冲作用。如图 4-17(b)所示,当缓冲柱塞进入配合孔之后,油腔中的油只能经节流阀 1 排出,由于节流阀 1 是可调的,因此缓冲作用也可调节,但不能解决速度减低后缓冲作用减弱的缺点。如图 4-17(c)所示,在缓冲柱塞上开有三角槽,随着柱塞逐渐进入配合孔中,其节流面积越来越小,解决了在行程最后阶段缓冲作用过弱的问题。

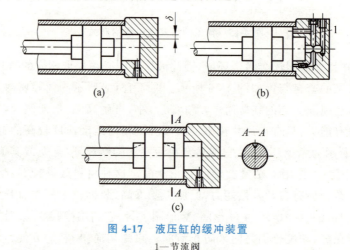

图 4-17　液压缸的缓冲装置
1—节流阀

5）排气装置

液压缸在安装过程中或长时间停放重新工作时,液压缸里和管道系统中会渗入空气,为了防止执行元件出现爬行、噪声和发热等不正常现象,需把缸中和系统中的空气排出。一般可在液压缸的最高处设置进、出油口把气带走,也可在最高处设置如图 4-18(a)所示的放气孔或专门的放气阀,如图 4-18(b)、(c)所示。

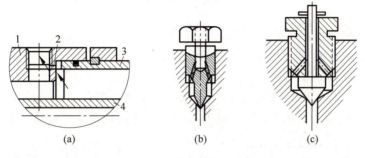

图 4-18 排气装置

1—缸盖；2—放气孔；3—缸体；4—活塞杆

复习与思考

1. 常用液压缸有哪些类型？结构上各有什么特点？

2. 液压缸由哪几部分组成？液压缸为什么要设置缓冲装置和排气装置？应如何设置？

3. 在图 4-19 中,液压缸活塞直径 $D=0.1\text{m}$,活塞杆直径 $d=0.07\text{m}$,输入液压缸流量 $q=8.33\times10^{-4}\text{m}^3/\text{s}$。试求：活塞带动工作台运动的速度 v。

4. 图 4-20 所示为两个完全相同的液压缸串联,活塞直径 $D=100\text{mm}$,活塞缸直径 $d=40\text{mm}$,输入的油液流量 $q_1=3.2\times10^{-3}\text{m}^3/\text{s}$,压力 $p_1=9\text{MPa}$,试求：活塞的运动速度和所能克服的负载 F_2。

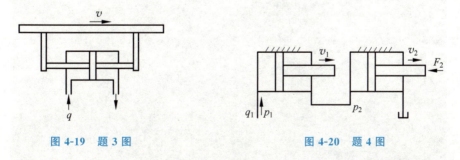

图 4-19 题 3 图   图 4-20 题 4 图

5. 图 4-21 所示单杆活塞式液压缸,活塞直径 $D=250\text{mm}$,活塞缸直径 $d=80\text{mm}$,输入液压缸的油液流量 $q=5\times10^{-3}\text{m}^3/\text{s}$,压力 $p=3\text{MPa}$,试分析：三种情况活塞的运动速度和所能克服的阻力。

6. 在图 4-22 中液压缸往返运动速度相等(返回油路图中未标出)。已知活塞直径 $D=$

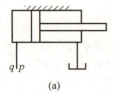 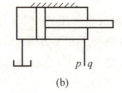 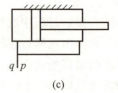

(a)　　　　　　　　(b)　　　　　　　　(c)

图 4-21　题 5 图

0.2m,供给油缸的流量 $q_1=6\times10^{-3}\,\mathrm{m^3/s}$,试求:

(1) 运动件的速度 v,并用箭头靠近标出其方向。

(2) 有杆腔的排油量 q_2。

7. 图 4-23 所示液压缸,活塞直径 $D=280\,\mathrm{mm}$,活塞杆直径 $d=80\,\mathrm{mm}$,输入油缸的油液流量 $q=4.5\times10^{-3}\,\mathrm{m^3/s}$,压力 $p_1=5\,\mathrm{MPa}$,试求:活塞的运动速度和输出压力 p_2。

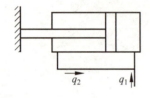 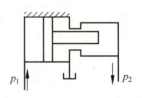

图 4-22　题 6 图　　　　　　　　图 4-23　题 7 图

大国重器:"空中造楼机"

最新一代"空中造楼机"(图 4-24),中国首创,高 39.3m,重达 2000t,顶升力达 4000 多吨,空中造楼机上第一次使用长行程的液压油缸,6m 行程可以让平台一次顶升到位,12 个

图 4-24　空中造楼机

大型液压油缸运行完全同步,高度差控制在 2mm 以内,把整个施工平台(包括模板和施工机械、材料)同时往上顶升,将工期至少缩短 20%,四天盖一层楼,可以把高层甚至超高层建筑直接浇筑出来,相当于把预制工厂搬到了施工现场。

空中造楼机的造楼周期完全可控,且采用智能手段控制,是全部楼面房间的标准化模板。浇筑 20h 后,可平行脱模,整体提升在 45min 内升高一层楼。然后利用叠合板的原理现场浇注楼板,全部工期(包括装修在内)7d 完成。

第5章 液压控制阀

第5章微课视频

在液压传动系统中,用来对液流的方向、压力和流量进行控制和调节的液压元件称为控制阀,又称液压阀,简称阀。控制阀是液压系统中不可缺少的重要元件。

液压控制阀应满足以下基本要求。

(1) 动作准确、灵敏、可靠,工作平稳,无冲击和振动。

(2) 阀口全开时,液流压力损失小;阀口关闭时,密封性能好,泄漏少。

(3) 所控制的参量(压力或流量)稳定,受外界干扰时变化量小。

(4) 结构紧凑,安装、调试、维护方便,通用性好。

根据用途和工作特点的不同,液压控制阀分为以下三大类。

(1) 方向控制阀:用来控制和改变液压系统中液流方向的阀,如单向阀、换向阀、伺服阀等。

(2) 压力控制阀:用来控制或调节液压系统液流压力以及利用压力作为信号控制其他元件动作的阀,如溢流阀、减压阀、顺序阀、卸荷阀等。

(3) 流量控制阀:用来控制或调节液压系统液流流量的阀,如节流阀、调速阀、分流阀等。

5.1 方向控制阀

方向控制阀是用于控制液压系统中油路的接通、切断或改变液流方向的液压阀(简称方向阀),主要用于实现对执行元件的启动、停止或运动方向的控制。常用的方向控制阀有单向阀和换向阀。

5.1.1 单向阀

单向阀是用于防止油液倒流的元件。按控制方式不同,又分为普通单向阀和液控单向阀两种。

1. 普通单向阀(单向阀)

单向阀是保证通过阀的液流只向一个方向流动而不能反向流动的方向控制阀。如

图 5-1 所示,单向阀由弹簧 1、阀芯 2、阀体 3 等零件组成。当压力油从 P_1 口流入时,克服弹簧 1 的作用力顶开阀芯 2,经阀芯上的轴向孔 a 和径向 b 从 P_2 口流出。若液流反向流动,则液压力和弹簧一起使阀芯锥面压紧在阀座孔上,油液被截止而不能通过。

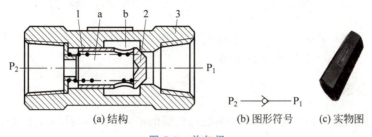

图 5-1 单向阀

1—弹簧;2—阀芯;3—阀体

为保证单向阀工作灵敏可靠,单向阀中的弹簧刚度一般很小,弹簧仅起复位作用,一般正向开启压力为 0.03~0.05MPa;反向截止时,因锥阀阀芯与阀座孔为线密封,密封力随压力增大而增大,密封性能良好。

单向阀常安装在泵的出口处,一方面可防止系统的压力冲击影响泵的正常工作,另一方面在泵不工作时可防止系统的油液倒流并经泵回油箱。单向阀还被用来分隔油路以防止干扰,或与其他阀并联组成复合阀。当安装在系统的回油路使回油具有一定背压或安装在泵的卸荷回路使泵维持一定的控制压力时,应更换刚度较大的弹簧,正向开启压力为 0.3~0.5MPa。

2. 液控单向阀

液控单向阀是一种通入控制液压油液即允许油液双向流动的单向阀。

如图 5-2 所示,液控单向阀是由控制活塞 1、顶杆 2、阀芯 3 和弹簧等组成。当控制口 K 无控制压力油通入时,其工作原理和普通单向阀是一样的,压力油只能从 P_1 口流向 P_2 口,不能反向流动。当 K 口有控制压力油通入时,控制活塞 1 右侧 a 腔通泄油口(图中未画出),压力油推动控制活塞 1 右移,推动顶杆 2 顶开阀芯 3 使阀口开启,正、反向液流均可自由通过。液控单向阀既可以对反向液流起截止作用且密封性能好,又可以在一定条件下允许正、反向液流自由通过,因此多用于液压系统的保压或锁紧回路。

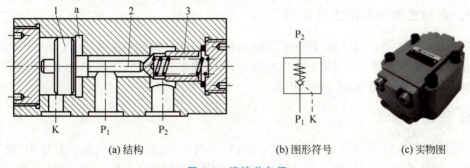

图 5-2 液控单向阀

1—活塞;2—顶杆;3—阀芯

5.1.2 换向阀

1. 功能

换向阀通过改变阀芯和阀体间的相对位置,控制油液流动方向,接通或关闭油路,从而改变液压系统的工作状态和液流的方向。

2. 基本要求

液流通过阀时压力损失小;互不相通的油口间的泄漏小;换向可靠、迅速且平稳无冲击。

3. 分类

(1) 按结构类型可分为滑阀式、转阀式和球阀式。
(2) 按阀体连通的主油路数可分为二通、三通和四通等。
(3) 按阀芯在阀体内的工作位置可分为二位、三位和四位等。
(4) 按操作阀芯运动的方式可分为手动、机动、电磁动、液动和电液动等。

4. 滑阀的结构

常用的换向阀阀芯在阀体内做往复运动,称为滑阀。滑阀是一个有多段环形槽的圆柱体,其直径大的部分称为凸肩,凸肩与阀体内孔相配合。阀体内孔中加工有若干段环形槽,阀体上有若干个与外部相通的油口,并与相应的环形槽相通,如图 5-3 所示。

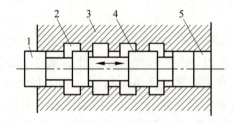

图 5-3 滑阀结构
1—滑阀;2—环形槽;3—阀体;4—凸肩;5—阀孔

5. 滑阀式换向阀的工作原理

图 5-4 所示为三位四通换向阀的工作原理图。当阀工作在中位时,P、A、B、O 四个油口互不相通,处于截止状态;当阀工作在右位时,油口 P 和 A 相通,B 和 O 相通;当阀工作在左位时,油口 P 和 B 相通,A 和 O 相通。

6. 图形符号

换向阀滑阀的工作位置数称为"位",与液压系统中油路相连通的油口数称为"通"。常用的换向阀种类有:二位二通、二位三通、二位四通、二位五通、三位三通、三位四通、三位五通和三位六通等。常用换向阀的图形符号见表 5-1。

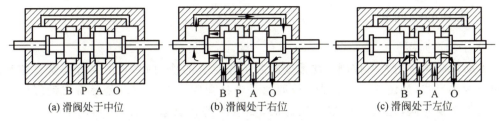

(a) 滑阀处于中位　　(b) 滑阀处于右位　　(c) 滑阀处于左位

图 5-4　滑阀式换向阀的工作原理图

表 5-1　常用换向阀的图形符号

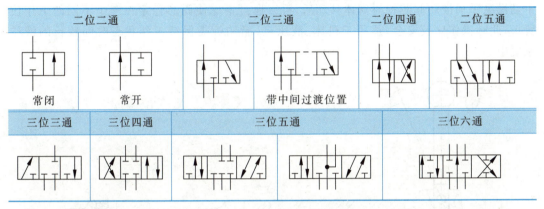

常用的控制滑阀移动的方法有人力、机械、电气、直接压力和先导控制等。常用控制方法的图形符号见表 5-2。

表 5-2　常用控制方法的图形符号示例

人力控制	机械控制	电气控制	直接压力控制	先导控制
手柄式	弹簧	电磁动	液动	液压先导控制

一个换向阀的完整图形符号应是能表明工作位置数、油口数和在各工作位置上油口的连通关系、控制方法以及复位、定位方法的符号。

换向阀图形符号的规定和含义如下。

(1) 用方框表示阀的工作位置数,有几个方框就是几位阀。

(2) 在一个方框内,箭头"↑"或堵塞符号"⊤"或"⊥"与方框相交的点数就是通路数,有几个交点就是几通阀,箭头"↑"表示阀芯处在这一位置时两油口相通,但不一定是油液的实际流向,"⊤"或"⊥"表示此油口被阀芯封闭(堵塞)不通流。

(3) 三位阀中间的方框、两位阀画有复位弹簧的方框为常态位置(即未施加控制信号以前的原始位置)。在液压系统原理图中,换向阀的图形符号与油路的连接一般应画在常态位置上。工作位置应按"左位"画在常态位的左面、"右位"画在常态位的右面的规定。同时在常态位上应标出油口的代号。

(4) 控制方式和复位弹簧的符号画在方框的两侧。

7. 常用的换向阀

1）手动换向阀

手动换向阀是用人力控制方法改变阀芯工作位置的换向阀，它主要有弹簧复位和钢球定位两种形式，如图 5-5 所示是三位四通手动换向阀。图 5-5（a）是弹簧自动复位式三位四通手动换向阀，通过手柄推动阀芯后，要想维持在极端位置，必须用手扳住手柄不放，一旦松开手柄，阀芯就会在弹簧力的作用下自动弹回中位，常用于动作频繁、工作持续时间较短的工程机械液压系统中。图 5-5（b）是弹簧钢球定位式三位四通手动换向阀，手动操纵手柄推动阀芯相对阀体移动后，可以通过钢球使阀芯稳定在三个不同的工作位置上，此阀操作比较安全，适用于机床、液压机、船舶等需保持工作状态时间较长的液压系统中。

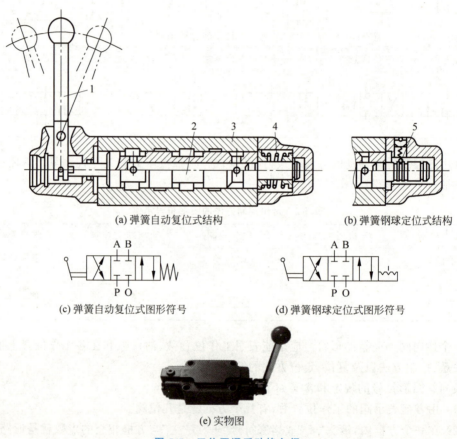

图 5-5 三位四通手动换向阀
1—手柄；2—阀芯；3—阀体；4—弹簧；5—钢球

2）机动换向阀

机动换向阀又称为行程阀，它是利用安装在运动部件上的挡块或凸块推动阀芯端部滚轮使阀芯移动，从而使油路换向。

图 5-6 所示为二位二通机动换向阀，在图示位置，阀芯 3 在弹簧 4 作用下处于下位，P 和 A 不连通；当运动部件上的挡块压住滚轮使阀芯移向上位时，油口 P 和 A 连通。当行程

挡块脱开滚轮时,阀芯在其底部弹簧的作用下又恢复初始位置。通过改变挡块斜面的角度 α,可改变阀芯移动速度,调节油液换向过程的快慢。

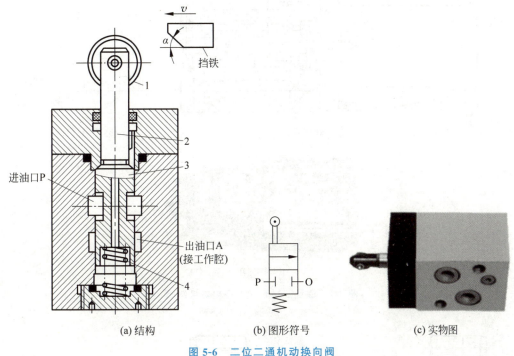

图 5-6　二位二通机动换向阀
1—滚轮；2—阀杆；3—阀芯；4—弹簧

机动换向阀逐渐关闭或打开,故换向平稳、可靠、位置精度高。常用于控制部件的行程快、慢速度的转换。其缺点是它必须安装在运动部件附近,一般油管较长。

3) 电磁换向阀

电磁换向阀是利用电磁铁的吸引力控制阀芯换位的换向阀。它是电气系统和液压系统之间的信号转换元件,它的电气信号由液压设备中的按钮开关、限位开关、行程开关等电气元件发出,从而可以使液压系统方便地实现各种操作及自动顺序动作。电磁换向阀操纵方便、布局灵活,有利于提高自动化程度,应用最广泛。但由于电磁铁的吸力有限(<120N),因此电磁换向阀只适用于流量不太大的场合。

按照电磁铁所用电源的不同,电磁换向阀可分为交流电磁换向阀和直流电磁换向阀两种；按照电磁铁的铁心是否能够泡在油里,又可以分为干式电磁换向阀和湿式电磁换向阀。

图 5-7 所示为二位三通干式交流电磁换向阀。这种阀的左端有一干式交流电磁铁,当电磁铁通电时,衔铁通过推杆 1 将阀芯 2 推向右端,进油口 P 与油口 B 接通,油口 A 被关闭。当电磁铁断电时,弹簧 3 将阀芯推向左端,油口 B 被关闭,进油口 P 与油口 A 接通。

图 5-8 所示为三位四通湿式直流电磁换向阀。这种阀的两端各有一湿式直流电磁铁和一对中弹簧,当两边电磁铁都不通电时,阀芯 3 在两边对中弹簧 4 作用下处于中位,P、T、A、B 口互不相通；当右侧电磁铁通电时,右侧的推杆将阀芯 3 推向左端,A 和 P 相通,B 和 T 相通；当左侧电磁铁通电时,B 与 P 相通,A 与 T 相通。

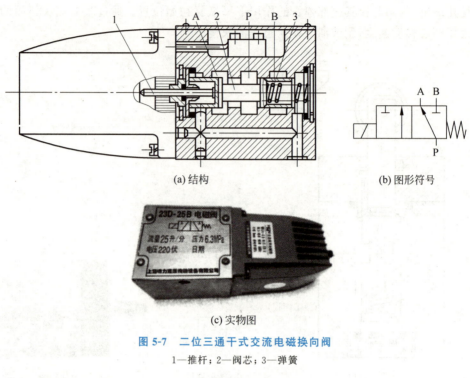

图 5-7 二位三通干式交流电磁换向阀
1—推杆；2—阀芯；3—弹簧

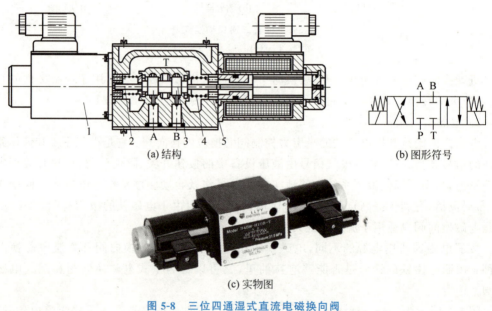

图 5-8 三位四通湿式直流电磁换向阀
1—电磁铁；2—推杆；3—阀芯；4—对中弹簧；5—挡圈

4）液动换向阀

液动换向阀是利用控制油路的压力油推动阀芯来改变位置的换向阀，广泛用于大流量（阀的通径大于 10mm）的控制回路。

图 5-9 是三位四通液动换向阀的结构、图形符号和实物图。阀芯是靠其两端密封腔中油液的压力差来移动的，当控制油路的压力油从阀左边的控制油口 K_1 进入滑阀左腔，滑阀

右腔 K_2 接通回油,阀芯向右移动,使得 P 和 A 接通,B 和 O 接通;当 K_2 接通压力油,K_1 接通回油时,阀芯向左移动,使压力油口 P 与 B 接通,A 与 O 接通;当 K_1 和 K_2 都通压力油时,阀芯在两端弹簧和定位套作用下回到中间位置,P、A、B、O 均不相通。

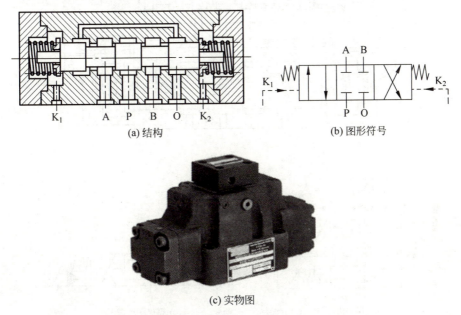

图 5-9 三位四通液动换向阀

5) 电液换向阀

电液换向阀是用间接压力控制(又称先导控制)方法改变阀芯工作位置的换向阀,是由电磁换向阀与液动换向阀组成的复合阀。电磁换向阀为先导阀,用来改变控制油路的方向。液动换向阀为主阀,用来改变主油路的方向。这种阀的优点是用反应灵敏的小规格电磁阀方便地控制大流量的液动阀换向。

图 5-10 所示为三位四通电液换向阀的结构、图形符号和实物图。当电磁先导阀的两个电磁铁均不通电时,电磁换向阀阀芯 4 在其对中弹簧作用下处于中位,液动换向阀左、右两端油室同时通入油箱,其阀芯在两端对中弹簧的作用下也处于中位,主阀的 P、A、B 和 T 口均不通;当电磁先导阀左边的电磁铁通电后,其阀芯向右移动,控制油液可经电磁先导阀进入液动换向阀左端油腔,并推动主阀阀芯向右移动,使液动换向阀 P 与 A、B 和 T 的油路相通;反之,电磁先导阀右边的电磁铁通电,可使 P 与 B、A 与 T 的油路相通。

在电液换向阀中,控制主油路的主阀阀芯不是靠电磁铁的吸力直接推动的,而是靠电磁铁操纵控制油路上的压力油液推动的,因此推力可以很大。此外,通过节流阀 2 和 6 可以分别控制主阀阀芯向左或向右的移动速度,使系统中的执行元件能够得到平稳无冲击的换向。在大型液压设备中,当通过阀的流量较大时,作用在滑阀上的摩擦力和液动力较大,此时电磁换向阀的电磁铁推力相对太小,需要用电液换向阀来替代电磁换向阀。

8. 三位换向阀的中位机能

三位换向阀在常态位(即中位)各油口中的连通方式称为中位机能。中位机能不同的三

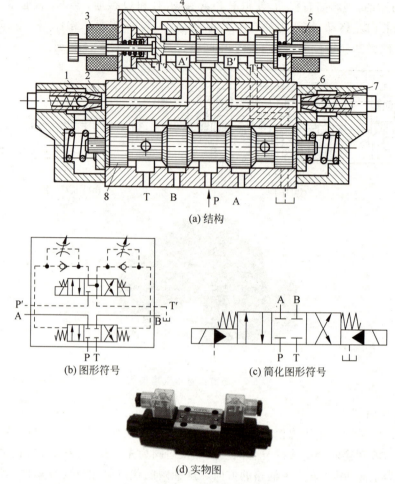

图 5-10 三位四通电液换向阀

1、7—单向阀;2、6—节流阀;3、5—电磁铁;4—电磁换向阀阀芯;8—液动换向阀的阀芯

位阀处于中位时对系统的控制性能也不相同。对于三位四通阀,常用的中位机能形式和符号见表 5-3。

表 5-3 三位四通阀的中位机能

滑阀机能	符号	中位油口状况、特点及应用
O 形		P、A、B、T 四油口全封闭;液压泵不卸荷,液压缸锁紧;可用于多个换向阀的并联工作
H 形		四油口全串联;活塞处于浮动状态,在外力作用下可移动;泵卸荷
M 形		P、T 口相通,A 与 B 口均封闭;活塞不动;泵卸荷,也可用多个 M 形换向阀并联工作

续表

滑阀机能	符号	中位油口状况、特点及应用
P 形	A B / P T	P、A、B 三油口相通，T 口封闭；泵与缸两腔相通，可组成差动回路
Y 形	A B / P T	P 口封闭，A、B、T 三油口相通；活塞浮动，在外力作用下可移动；泵不卸荷

5.2 压力控制阀

压力控制阀是用于控制液压系统压力或利用压力作为信号来控制其他元件动作的液压阀，简称压力阀。按功能不同，常用的压力控制阀有溢流阀、减压阀和顺序阀等。压力控制阀的共同特点是利用在阀芯上的液压作用力和弹簧力相平衡的原理来工作的。

5.2.1 溢流阀

溢流阀按结构形式不同分为直动式和先导式。一般旁接在泵的出口，通过其阀口的溢流使液压系统或回路的压力维持恒定或限制其最高压力，实现稳压、调压或限压作用；有时也旁接在执行元件的进口，对执行元件起安全保护作用。

1．结构及工作原理

1）直动式溢流阀

直动式溢流阀利用系统中的油液作用力直接作用在阀芯上与弹簧力相平衡的原理来控制阀芯的启、闭动作，以控制进油口处的油液压力。

图 5-11 所示为直动式溢流阀。压力油从进油口 P 进入阀中，经阻尼小孔 a 作用在阀芯的底面上。当进油口压力较低（$pA < F_{簧}$）时，阀芯在弹簧 2 预调力作用下处于最下端，P 与 O 口隔断，阀处于关闭状态。当进油口 P 处压力升高（$pA > F_{簧}$）时，阀芯下端产生的作用力超过弹簧力，阀芯向上移动，阀口被打开，将多余的油液排回油箱，弹簧力随着开口量的增大而增大，直至与油压力相平衡，进油口的压力基本保持恒定值 $pA = F_{簧}$。

阀芯上的阻尼孔 a 的作用是用来增加液阻，以减小阀芯的振动，提高阀的工作平稳性。调压螺母 1 可以改变弹簧的压紧力以调整溢流阀进油口处的油液压力。由阀芯间隙处泄漏到弹簧腔的油液，经阀体上的孔 b 通过回油口 O 排入油箱。

直动式溢流阀结构简单，反应灵敏，但调压困难，一般只能用于低压小流量系统，因控制较高压力或大流量时，需安装刚度较大的弹簧，不但手动调节困难，而且阀口开度略有变化便会引起较大的压力波动，压力不能稳定，易产生振动和噪声，所以压力较高时宜采用先导式溢流阀。

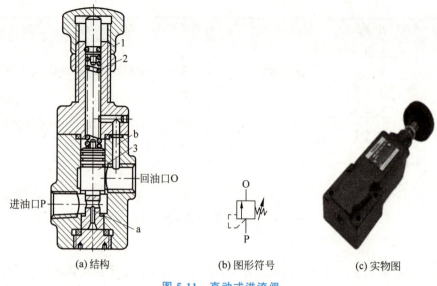

(a) 结构　　　(b) 图形符号　　　(c) 实物图

图 5-11　直动式溢流阀

1—调压螺母；2—弹簧；3—阀芯

2）先导式溢流阀

图 5-12(a)所示为先导式溢流阀的结构,由先导阀和主阀两部分组成。先导阀是一个小流量的直动式溢流阀,阀芯是锥阀,用来控制压力；主阀阀芯是滑阀,用来控制溢流流量。这种阀的原理是利用主阀上、下两端油液的压差使主阀芯移动。

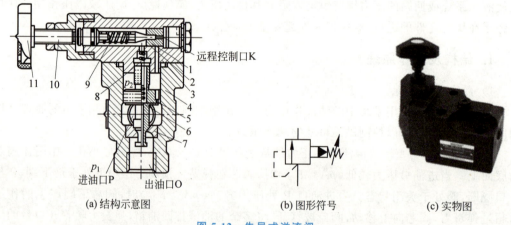

(a) 结构示意图　　　(b) 图形符号　　　(c) 实物图

图 5-12　先导式溢流阀

1—先导阀阀芯；2—先导阀阀座；3—先导阀体；4—主阀体；5—阻尼孔；6—主阀芯；
7—主阀阀座；8—主阀弹簧；9—先导阀调压弹簧；10—调压螺杆；11—调节螺母

压力油从进油口 P(p_1)进入,通过主阀芯平衡活塞上阻尼孔 5 进入活塞上腔,再由通道作用在先导阀上。当进油口压力较低,先导阀上的液压力不足以克服先导阀左边的弹簧力时,先导阀关闭,没有油液流过阻尼孔,所以主阀芯上、下两端压力相等,在较软的主阀弹簧作用下主阀芯处于最下端位置,溢流阀阀口 P 和出油口 O 隔断,没有溢流。当进油口压力升高到作用于先导阀上的液压力大于先导阀弹簧力时,先导阀打开,压力油就可通过阻尼孔,经先导阀、主阀芯中心通孔流回油箱,由于阻尼孔的作用,主阀芯上端的液压力 p_2 小于下端压力 p_1,当这个压力差($\Delta p = p_1 - p_2$)产生的向上作用力超过主阀弹簧的弹簧力并克服主阀芯自重和摩擦力时,主阀芯向上移动,使主阀口开启,液压油经主阀口流回油箱,从而使溢流阀进口压力保持恒定值。调节螺母 11 即可改变先导阀调压弹簧 9 的预压缩量,从而调整系统的压力。

由于主阀芯是靠其上、下压差作用,因此即使在较高压力情况下,调压弹簧的刚度也不必很大,所以先导式溢流阀压力调整比较方便。同时,当溢流量变化引起弹簧压缩量变化时,进油口压力变化不大,调压稳定性较好。因此,先导式溢流阀主要用于中高压系统中。

2. 溢流阀的应用

(1) 起溢流稳压作用,维持液压系统压力恒定,如图 5-13(a)所示。在定量泵进油或回油节流调速系统中,溢流阀和节流阀配合使用,液压缸所需流量由节流阀调节,泵输出的多余流量由溢流阀溢回油箱。在系统正常工作时,溢流阀阀口始终处于开启状态溢流,维持泵的输出压力恒定不变。

(2) 起安全保护作用,防止液压系统过载,如图 5-13(b)所示。在变量泵液压系统中,系统正常工作时,其工作压力低于溢流阀的开启压力,阀口关闭不溢流。当系统工作压力超过溢流阀的开启压力时,溢流阀开启溢流,使系统工作压力不再升高(限压),以保证系统的安全。这种情况溢流阀的开启压力通常应比液压系统的最大工作压力高 10%～20%。

(3) 实现远程调压,如图 5-13(c)所示。装在控制台上的远程调压阀与先导式溢流阀的外控口连接,便能实现远程调压。实际应用时,主溢流阀安装在靠近液压泵的出口,而远程

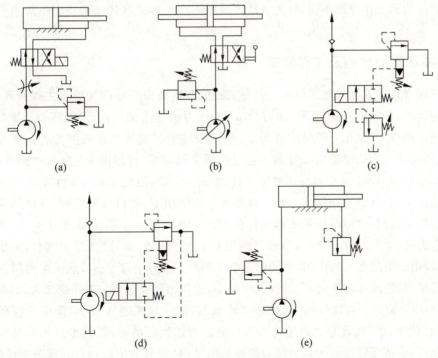

图 5-13 溢流阀的应用

调压阀则安装在操作台上,远程调压阀的设定压力低于主溢流阀的调定压力。于是远程调压阀起调压作用,先导式溢流阀起安全作用。

(4) 使油泵卸荷,如图 5-13(d)所示。先导式溢流阀起溢流稳压作用。当二位二通阀的电磁铁通电后,溢流阀的外控口即接油箱。此时,主阀芯弹簧腔压力接近于零,主阀芯移动到最大开口位置,泵输出的油液经溢流阀流回油箱。由于主阀弹簧刚度很小,进口压力很低,此时泵接近于空载运转,功耗很小,即处于卸荷状态。

(5) 作为背压阀使用,如图 5-13(e)所示。将溢流阀连接在系统的回油路上,在回油路中形成一定的回油阻力(背压),以改善液压执行元件运动的平稳性。

5.2.2 减压阀

在液压系统中,常由一个液压泵向几个执行元件供油。当某一执行元件需要比泵的供油压力低的稳定压力时,可往该执行元件所在的油路上串联一个减压阀来实现。

1. 减压阀的功用和分类

(1) 减压阀用来降低液压系统中某一分支油路的压力,使其低于液压泵的供油压力,以满足执行机构(如夹紧、定位油路,制动、离合油路,系统控制油路等)的需要,并使其保持基本恒定。

(2) 减压阀按其调节性能可分为保证出口压力为定值的定值减压阀;保证进、出口压力差不变的定差减压阀;保证进、出口压力成比例的定比减压阀。其中,定值减压阀应用最广。根据结构和工作原理不同,分为直动式减压阀和先导式减压阀两类。一般用先导式减压阀。

2. 减压阀的结构及工作原理

减压阀有直动式和先导式两种。先导式定值减压阀由先导阀和减压主阀两部分组成,有单独的泄油口,如图 5-14 所示,压力为 p_1 的压力油进入减压阀,经减压口 f 降低为 p_2,从减压阀出油口 P_2 流出;同时压力为 p_2 的油液还通过阀体与端盖上的通孔进入主阀下腔,经主阀阀芯 7 上的阻尼孔 e、主阀中心通孔到主阀上腔,再作用于先导阀锥阀 3 的右端。当出油口压力 p_2 小于先导阀的调整压力时,锥阀 3 关闭,阻尼孔 e 无油液通过,主阀阀芯 7 两端的液压力相等,而主阀阀芯 7 在主阀弹簧 9 的作用下,阀口全部打开,并使油液在压降很小的情况下流出,这时减压阀不起减压作用,p_1 约等于 p_2;当出油口压力 p_2 大于先导阀的调定压力时,锥阀 3 打开,少量油液经阻尼孔 e、主阀中心通孔、先导阀阀口,由泄油口 L 流回油箱,由于阻尼孔 e 的作用,主阀阀芯 7 上腔的压力 p_3 低于 p_2,造成主阀阀芯 7 两端的压力不平衡,使阀芯向上移动,因而阀口减小,使压力油通过阀口时压降加大,出油口压力 p_2 减至某调定值的开口度,减压阀处于工作状态,即将较高的压力 p_1 降低成较低的压力 p_2,并使作用于减压阀阀芯上的油液压力与弹簧力达到新的平衡,而出口压力基本保持不变。由此可见,减压阀是以出口油压力为控制信号,自动调节主阀阀口开度改变液阻,保证油口压力的稳定。

第 5 章 液压控制阀

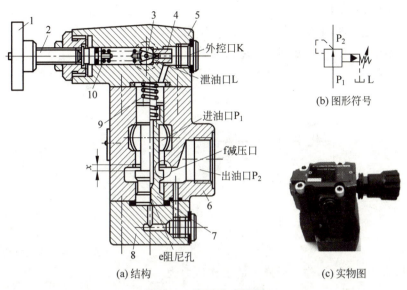

图 5-14 先导式减压阀

1—调节手轮；2—调节螺钉；3—锥阀；4—先导阀座；5—阀盖；6—阀体；
7—主阀阀芯；8—端盖；9—主阀弹簧；10—调压弹簧

3. 减压阀的应用

定压减压阀的功用是减压、稳压。图 5-15 所示为减压阀用于夹紧油路的原理图。液压泵输出的压力油由溢流阀 2 调定压力以满足主油路系统的要求。在换向阀 3 处于图示位置时，液压泵 1 经减压阀 4、单向阀 5 供给夹紧液压缸 6 压力油。夹紧工件所需夹紧力的大小由减压阀 4 来调节。当工件夹紧后，换向阀换位，液压泵向主油路系统供油。单向阀的作用是当泵向主油路系统供油时，使夹紧缸的夹紧力不受液压系统中压力波动的影响。

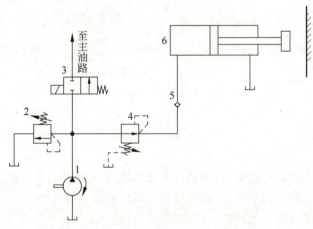

图 5-15 减压阀的应用

1—液压泵；2—溢流阀；3—换向阀；4—减压阀；5—单向阀；6—液压缸

【例 5-1】 图 5-16 所示溢流阀调定压力 $p_{s1}=4.5$MPa，减压阀的调定压力 $p_{s2}=3$MPa，活塞前进时，负荷 $F=1000$N，活塞面积 $A=20 \times 10^{-4}$ m²，减压阀全开时的压力损失

及管路损失忽略不计,求:

(1) 活塞在运动时和到达尽头时,求 A、B 两点的压力。

(2) 当负载 $F=7000$N 时,求 A、B 两点的压力。

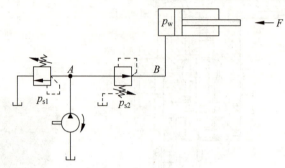

图 5-16 例 5-1 图

解:(1) 活塞运动时,作用活塞上的工作压力为

$$p_w = \frac{F}{A} = \frac{1000}{20 \times 10^{-4}} = 0.5 (\text{MPa})$$

因为作用在活塞上的工作压力相当于减压阀的出口压力,且小于减压阀的调定压力,所以减压阀不起减压作用,阀口全开,故有

$$p_A = p_B = p_w = 0.5 \text{MPa}$$

活塞走到尽头时,作用在活塞上的压力 p_w 增加,且当此压力大于减压阀的调定压力时,减压阀起减压作用,所以有

$$p_A = p_{s1} = 4.5 \text{MPa}$$
$$p_B = p_{s2} = 3 \text{MPa}$$

(2) 当负载 $F=7000$N 时,有

$$p_w = \frac{F}{A} = \frac{7000}{20 \times 10^{-4}} = 3.5 (\text{MPa})$$

因为 $p_{s2} < p_w$,减压阀出口压力最大是 3MPa,无法推动活塞,所以有

$$p_A = p_{s1} = 4.5 \text{MPa}$$
$$p_B = p_{s2} = 3 \text{MPa}$$

5.2.3 顺序阀

顺序阀是以压力作为控制信号,自动接通或切断某一油路的压力阀。由于它经常被用来控制执行元件动作的先后顺序,故称顺序阀。顺序阀根据结构和工作原理不同,可以分为直动式顺序阀和先导式顺序阀两类,目前直动式应用较多。

1. 直动式顺序阀的工作原理

图 5-17 所示为直动式顺序阀的结构、图形符号和实物图。压力油液自进油口 P_1 进入阀体,经阀体中间小孔流入阀芯底部油腔,对阀芯产生向上的液压作用力。当油液的压力较

低时,液压作用力小于阀芯上部的弹簧力,在弹簧力作用下,阀芯处于下端位置,P_1 和 P_2 两油口被隔开,当油液的压力升高到作用于阀芯底端的液压作用力大于调定的弹簧力时,在液压作用力的作用下,阀芯上移,使进油口 P_1 和出油口 P_2 相通,压力油液自 P_2 口流出,可控制另一执行元件动作。

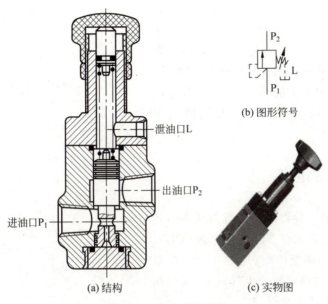

图 5-17　直动式顺序阀

2. 顺序阀的控制形式

按其控制方式不同,可分为内控式和外控式两种。内控式是利用阀的进口压力控制阀芯的启闭,外控式是利用外来的控制压力油控制阀芯的启闭。通过改变上盖或底盖的装配位置可以实现顺序动作的内控外泄、内控内泄、外控外泄、外控内泄四种类型。

图 5-18 所示为顺序阀的四种控制方式,其中内控内泄式用在系统中用作平衡阀或背压阀;外控内泄式用作卸载阀;外控外泄式相当于一个液控二位二通阀。

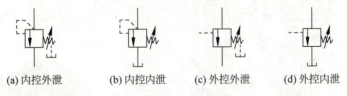

图 5-18　顺序阀的四种控制方式

内控外泄式顺序阀与溢流阀都是阀口常闭,由进口压力控制阀口的开启,区别如下:

(1) 溢流阀出口连通油箱,顺序阀的出油口通常是连接到另一个工作油路。

(2) 溢流阀打开时,进油口的油液压力基本保持恒定,而顺序阀打开后,进油口的油液压力可以继续升高。

(3) 由于溢流阀出油口连通油箱,其内部泄油可通过出油口流回油箱,而顺序阀出油口油液为压力油,且通往另一工作油路,所以顺序阀的内部要有单独设置的泄油口。

3. 顺序阀的应用

图 5-19 所示为顺序阀用于实现多个执行元件的顺序动作原理图。当电磁换向阀 3 处于左位时，液压缸Ⅰ的活塞向上运动，运动到终点位置后停止运动，油路压力升高到顺序阀 4 的调定压力时，顺序阀打开，压力油经顺序阀进入液压缸Ⅱ的下腔，使活塞向上运动，从而实现液压缸Ⅰ、Ⅱ的顺序动作。当电磁换向阀处于右位时，液压缸Ⅰ、Ⅱ同时向下运动。

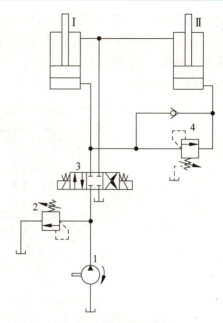

图 5-19 顺序阀的应用
1—液压泵；2—溢流阀；
3—电磁换向阀；4—顺序阀

5.2.4 压力继电器

压力继电器是一种将液压系统的压力信号转换为电信号输出的元件。当液压系统压力升高到压力继电器的调整值时，通过压力继电器的微动开关动作，接通或断开电气线路，实现执行元件的顺序控制或安全保护。

压力继电器按结构特点可分为柱塞式、弹簧管式和膜片式等。

图 5-20 为单触点柱塞式压力继电器，压力油作用在柱塞的下端，油压力直接与柱塞上端的弹簧力相比较。当系统压力升高达到或超过调定的压力值时，柱塞上移压微动开关触头，接通或断开电气线路。当系统压力小于调节值时，在弹簧力作用下，微动开关触头复位。其压力设定值靠螺母调节。

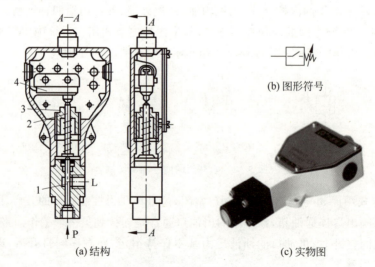

图 5-20 压力继电器
1—柱塞；2—顶杆；3—调节螺钉；4—微动开关

5.2.5 溢流阀、减压阀和顺序阀的比较

溢流阀、减压阀和顺序阀之间有许多共同之处,在此逐一比较,见表 5-4。

表 5-4 溢流阀、减压阀和顺序阀比较

比较项	溢流阀	减压阀	顺序阀
出油口情况	出油口与油箱相连	与减压回路相连	与执行元件相连
泄漏形式	内泄式	外泄式	外泄式
状态	常闭	常开	常闭
在系统中的连接方式	并联	串联	实现顺序动作时串联,作泄荷阀时并联
功用	限压、保压、稳压	减压、稳压	不控制回路的压力,只控制回路的通断
工作原理	利用控制压力与弹簧力相平衡的原理,通过改变滑阀开口量大小控制系统的压力		
结构	结构基本相同,只是泄油路不同		

5.3 流量控制阀

在液压系统中,控制工作液体流量的阀称为流量控制阀,简称流量阀。流量阀通过改变节流口的开口大小调节通过阀口的流量,从而改变执行元件的运动速度,常用的流量控制阀有节流阀、调速阀等。其中,节流阀是最基本的流量控制阀。

5.3.1 节流阀

1. 流量控制的工作原理

油液流经小孔、狭缝或毛细管时,会产生较大的液阻,通流面积越小,油液受到的液阻越大,通过阀口的流量就越小。所以,改变节流口的通流面积,使液阻发生变化,就可以调节流量的大小,这就是流量控制的工作原理。大量实验证明,节流口的流量特性可以用下式表示:

$$q = CA\Delta p^{\varphi} \tag{5-1}$$

式中: q 为通过节流口的流量; A 为节流口的通流截面积; Δp 为节流口前后的压力差; C 为流量系数,随节流口的形式和油液的黏度而变化; φ 为节流口形式参数,一般为 0.5~1,节流路程短时取小值,节流路程长时取大值。

由式(5-1)可知, C、Δp、φ 一定时,改变通流截面积 A,即可改变液阻的大小,实现流量调节,这就是流量控制阀的控制原理。

2. 节流口的结构形式

节流口的形式很多,图 5-21 所示为常用的几种。图 5-21(a)为针阀式节流口,针阀芯做

轴向移动时,改变环形通流截面积的大小,从而调节流量。图 5-21(b)为偏心式节流口,在阀芯上开有一个截面为三角形(或矩形)的偏心槽,当转动阀芯时,就可以调节通流截面积大小而调节流量。这两种形式的节流口结构简单,制造容易,但节流口容易堵塞,流量不稳定,适用于性能要求不高的场合。图 5-21(c)为轴向三角槽式节流口,在阀芯端部开有一个或两个斜的三角沟槽,轴向移动阀芯时,就可以改变三角槽通流截面积的大小,从而调节流量。图 5-21(d)为周向缝隙式节流口,阀芯上开有狭缝,油液可以通过狭缝流入阀芯内孔,然后由左侧孔流出,转动阀芯就可以改变缝隙的通流截面积。图 5-21(e)为轴向缝隙式节流口,在套筒上开有轴向缝隙,轴向移动阀芯即可改变缝隙的通流面积大小,以调节流量。这三种节流口性能较好,尤其是轴向缝隙式节流口,其节流通道厚度可薄到 0.07~0.09mm,可以得到较小的稳定流量。

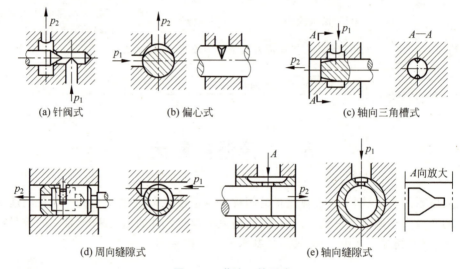

图 5-21 节流口的形式

3. 节流阀的结构

图 5-22 所示为轴向三角槽式节流阀的结构、图形符号图和实物图,主要由阀体 1、阀芯 2、螺帽 3 和调节手轮 4 组成。阀体上开有进油口和出油口;阀芯上开有三角尖槽,油液从进油口 P_1 进入,经阀芯上的三角槽节流口后,由出油口 P_2 流出。调节手轮可使阀芯做轴向移动,以改变节流口的通流面积。

节流阀结构简单,制造容易,体积小,使用方便,造价低,但负载和温度的变化对流量稳定性的影响较大,只适用于负荷和温度变化不大及速度稳定性不高的液压系统,主要与定量泵、溢流阀组成节流调速系统。调节节流阀的开口,便可以实现调速。

由式(5-1)可知,通过节流口的油液流量不仅与通流面积 A 有关,还跟压力差 Δp 有关。在实际应用中,由于负载的变化,使节流口前后的压力差发生变化,通过节流口的流量随之变化,从而执行元件的速度不稳定。因此在速度稳定性要求高的场合,要采用二通流量控制阀(调速阀)。

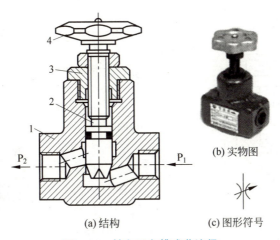

(a) 结构　　(b) 实物图　　(c) 图形符号

图 5-22　轴向三角槽式节流阀

1—阀体；2—阀芯；3—螺帽；4—调节手轮

5.3.2　二通流量控制阀(调速阀)

二通流量控制阀由一个定差减压阀和一个可调节流阀串联组合而成。用定差减压阀来保证可调节流阀前后的压力差 Δp 不受负载变化的影响，从而使通过节流阀的流量保持稳定。

图 5-23 所示为二通流量控制阀的工作原理、图形符号和实物图。压力油液 p_1 经节流减压后以压力 p_2 进入节流阀，然后以压力 p_3 进入液压缸左腔，推动活塞以速度 v 向右运动。节流阀前后的压力差 $\Delta p = p_2 - p_3$。定差减压阀阀芯 1 上端的油腔 b 经通道 a 与节流阀出油口相通，其油液压力为 p_3；其肩部油腔 c 和下端油腔 d 经通道 f 和 e 与节流阀进油口(即减压阀出油口)相通，其油液压力为 p_2，当作用于液压缸的负载 F 增大时，压力 p_3 也增大，作用于减压阀阀芯上端的液压力也随之增大，使阀芯下移，减压阀进油口处的开口加大，压力降减小，因而使减压阀出口(节流阀进口)处压力 p_2 增大，结果保持了节流阀前后的压力差基本保持不变。当负载 F 减小时，压力 p_3 减小，减压阀阀芯上端油腔压力减小，阀芯在油腔 c 和 d 中压力油(压力为 p_2)的作用下上移，使减压阀进油口处开口减小，压力降增大，因而使 p_2 随之减小，结果仍保持节流阀前后压力差基本不变。

因为减压阀阀芯上端油腔 b 的有效作用面积 A 与下端油腔 c 和 d 的有效作用面积相等，所以在稳定工作时，不计阀芯的自重及摩擦力的影响，减压阀阀芯上的力平衡方程为

$$p_2 A = p_3 A + F_t \tag{5-2}$$

或

$$p_2 - p_3 = \frac{F_t}{A} \tag{5-3}$$

式中：p_2 为节流阀前(即减压后)的油液压力，Pa；p_3 为节流阀后的油液压力，Pa；F_t 为减压阀弹簧的弹簧作用力，N；A 为减压阀阀芯大端有效作用面积，m^2。

由于减压阀弹簧较软(刚度较低)，当阀芯上下移动时，其弹簧力 F_t 变化不大，故节流

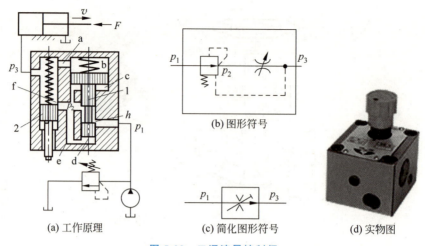

(a) 工作原理　　　　(c) 简化图形符号　　　(d) 实物图

图 5-23　二通流量控制阀
1—定差减压阀阀芯；2—节流阀阀芯

阀前后的压力差 $\Delta p = p_2 - p_3$ 基本不变。也就是说，只要节流阀通流面积 A 不变，无论负载如何变化，通过二通流量控制阀的油液流量基本不变，执行元件运动速度稳定。

5.4　叠加阀和插装阀

5.4.1　叠加阀

叠加式液压阀简称叠加阀，是以板式阀为基础的一种新型控制元件。采用这种阀组成液压系统时，不需要另外的连接块，它以自身的阀体作为连接件直接叠合而成所需的系统。

叠加阀现有 5 个通径系列：$\phi 6mm$、$\phi 10mm$、$\phi 16mm$、$\phi 20mm$、$\phi 32mm$，额定压力为 20MPa，额定流量为 10～200L/min。

根据叠加阀功能的不同，通常分为单功能阀和复合功能阀两种。单功能阀和普通液压阀相同，有方向阀、压力阀和流量阀三种，它们的工作原理与普通液压阀类似。复合功能阀又称多机能叠加阀，在一控制阀芯单元中可以实现两个以上的控制机能。

叠加阀的工作原理与一般液压阀基本相同，但其具体结构和连接尺寸不相同。每个叠加阀都有四个油口 P、A、B、T，且上下贯通，每个叠加阀的进、出油口与公共通道并联或串联，它不仅可以起单个阀的功能，而且能沟通阀与阀之间的流道。同一通径的叠加阀的上、下安装面的油口相对位置与标准的板式液压阀的油口位置一样。用叠加阀组成回路时，换向阀应安装在最上方，所有对外连接的油口开在最下边的底板上，其他的阀通过螺栓连接在换向阀与底板之间。

图 5-24 所示为一组叠加阀的结构和图形符号。其中，叠加阀 1 为溢流阀，它并联在 P 与 O 通道之间，叠加阀 2 为双向节流阀，两个单向节流阀分别串联在 A、B 通道上，叠加阀 3 为双向液压锁，它们分别串联在 A、B 通道上，最上面是板式换向阀，最下面是公共底板 4。

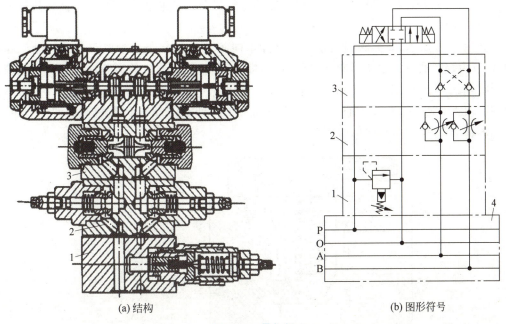

图 5-24 叠加阀
1—溢流阀；2—双向节流阀；3—双向液压锁；4—公共底板

叠加阀可实现液压元件无管化集成连接,具有结构紧凑、配置灵活、设计安装周期缩短的特点。

5.4.2 插装式锥阀

插装式锥阀又称二通插装阀,简称插装阀。按照连接方式,插装阀可分为盖板式插装阀和螺纹式插装阀。其中,盖板式插装阀应用比较普遍。

盖板式插装阀是将阀芯、阀套、弹簧和密封圈等基本组件插到特别设计加工的阀体内,配以盖板、先导阀组成的一种多功能的复合阀。它与普通液压阀比较,具有以下优点。

(1) 通流能力大,特别适用于大流量场合。它的最大通径可达 200～250mm,通过的流量可达 1000L/min。

(2) 阀芯动作灵敏,抗堵塞能力强。

(3) 密封性好,泄漏小,油液流经阀口的压力损失小。

(4) 结构简单,制造容易,工作可靠,标准化、通用化程度高。

1. 插装阀结构及工作原理

插装阀由控制盖板、插装单元(由阀套、弹簧、阀芯及密封件组成)、插装块体和先导元件(置于控制盖板上)组成。这种阀的插装单元在回路中主要起控制通、断作用。控制盖板将插装单元封装在插装块体内,并沟通先导阀和插装单元(又称主阀)。通过主阀阀芯的启闭,可对主油路的通断起控制作用。使用不同的先导阀,可构成压力控制、方向控制或流量控制,并可组成复合控制。将若干个不同控制功能的插装阀组装在一个或多个插装块体内便组成液压回路。

如图 5-25 所示,插装阀相当于一个液控单向阀。A 和 B 为主油路仅有的两个工作油口,C 口为控制油口。改变控制油口的压力,即可控制 A、B 油口的通断。当控制口无液压作用时,阀芯下部的液压力超过弹簧力,阀芯被顶开,A 与 B 相通,至于液流的方向,视 A、B 口的压力大小而定。反之,当控制口 C 有液压力作用且液压力大于 A 和 B 口的油液压力,才能保证 A 口和 B 口之间的关闭。

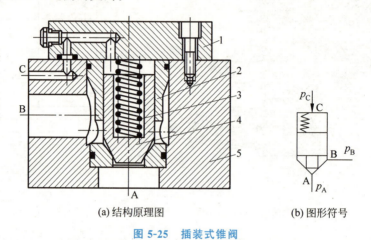

(a) 结构原理图   (b) 图形符号

图 5-25　插装式锥阀

1—控制盖板；2—阀套；3—弹簧；4—阀芯；5—插装块体

插装式锥阀通过不同的盖板和各种先导阀组合,便可构成方向控制阀、压力控制阀和流量控制阀。

2．插装阀的应用

1) 插装式方向控制阀

（1）插装式单向阀。插装式单向阀如图 5-26 所示,图 5-26(a) 将 C 口与 A 或 B 连接,即成为单向插装阀(连接方法不同,其导通形式也不同),图 5-26(b) 在盖板上接一个二位三通液动阀来换接 C 口压力,即成为液控单向插装阀。

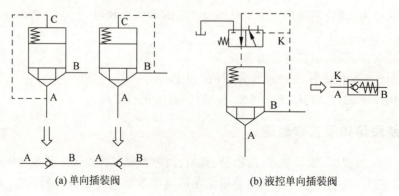

(a) 单向插装阀   (b) 液控单向插装阀

图 5-26　插装式单向阀

（2）插装式换向阀。插装式换向阀如图 5-27 所示，图 5-27(a)为二位四通换向阀，当电磁阀不通电时，油口 P 与 B 通，油口 A 与 T 通；当电磁阀通电时，油口 P 与 A 通，油口 B 与 T 通。图 5-27(b)为三位四通换向阀，当电磁铁不通电时，控制油使 4 个插装阀关闭，油口 P、T、A、B 互不连通；当 1YA 通电时，油口 P 与 A 通，油口 B 与 T 通；当 2YA 通电时，油口 P 与 B 通，油口 A 与 T 通。

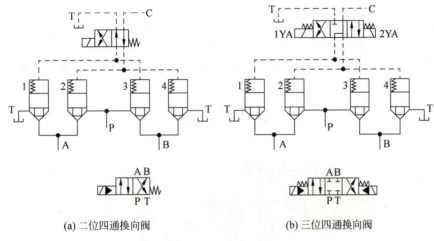

图 5-27　插装式换向阀

2）插装式压力控制阀

在插装阀的控制口配上不同的先导压力阀，便可得到各种不同类型的压力控制阀。

图 5-28(a)所示为用直动式溢流阀作先导阀来控制主阀用作溢流阀的原理图。A 腔压力油经阻尼小孔进入控制腔和先导阀，并将 B 口与油箱相通。这样锥阀的开启压力可由先导阀来调节，其原理与先导式溢流阀相同，当油口 A 处压力较低时，先导阀关闭，锥阀也关闭。当油口 A 处压力达到先导阀设定的压力时，先导阀开启，油液流经锥阀芯阻尼孔，在锥

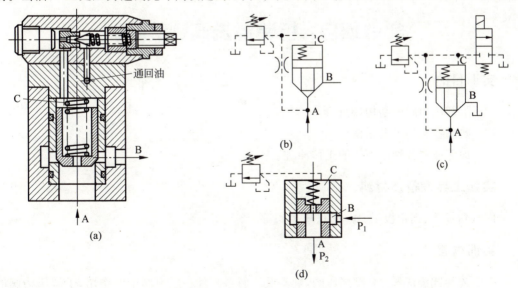

图 5-28　插装式压力控制阀

阀芯两端形成压力差,锥阀芯在压力差作用下克服弹簧力上移而使溢流阀口开启,起到溢流调压作用。图 5-28(b)所示为插装式溢流阀的图形符号。当 B 腔不接油箱而接负载时,就成为插装式顺序阀。若在 C 腔再接一个二位二通电磁阀,如图 5-28(c)所示,就称为电磁溢流阀。图 5-28(d)所示为减压阀原理图,减压阀的阀芯常用常开式的滑阀式阀芯,B 为进油口,A 为出油口,A 腔的压力油经阻尼小孔后与控制腔 C 相通,并与先导压力阀进口相通,其工作原理与先导式减压阀相同。

3) 插装式流量控制阀

如图 5-29 所示,在插装锥阀盖板上增加阀芯行程调节装置,调节阀芯开口的大小,就构成了一个插装式流量控制阀。这种插装阀的锥阀芯上开有三角槽,用于调节流量。

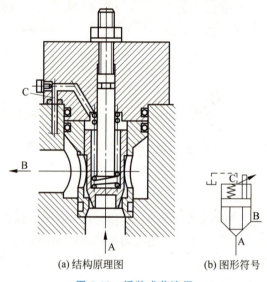

(a) 结构原理图　　(b) 图形符号

图 5-29　插装式节流阀

实训项目:拆装溢流阀、减压阀

实训目的

(1) 了解压力阀的结构特点。
(2) 熟悉各阀的主要零部件。
(3) 加深理解各种压力阀的工作原理。

实训工具设备及材料

内六角扳手、固定扳手、螺丝刀、压力阀等。

实训内容

拆装先导式溢流阀、JF 型减压阀,观察及了解各零件在压力阀中的作用,了解压力阀的工作原理。

实训步骤

1. 拆装溢流阀

(1) 观察先导式溢流阀的外观,找出进油口、出油口、控制油口及安装阀芯用的中心圆孔,从出油口向里窥视,可以看见阀口是被阀芯堵死的,阀口被遮盖约 2mm 左右。

(2) 用内六角扳手在对称位置松开阀体上的螺栓后,再取掉螺栓,用铜棒轻轻敲打使先导阀和主阀分开,轻轻取出阀芯,注意不要损伤,观察、分析其机构特点,搞清楚各自的作用。

(3) 取出弹簧,观察先导调压弹簧、主阀复位弹簧的大小和刚度的不同。

(4) 观察、分析其结构特点,掌握溢流阀的工作原理。

(5) 装配时,遵循先拆的部件后安装,后拆的零部件先安装的原则,特别注意小心装配阀芯,防止阀芯卡死,正确合理地安装,保证溢流阀能正常工作。

(6) 注意拆装中弄脏的零部件应用煤油清洗后才可装配。

2. 拆装 JF 型减压阀

(1) 观察 JF 型减压阀的外观,找出进油口、出油口和泄油口,从出油口向里窥视,可以看见阀口是打开的。

(2) 用内六角扳手在对称位置松开阀体上的螺栓后,再取掉螺栓,用铜棒轻轻敲打使先导阀和主阀分开,轻轻取出阀芯,注意不要损伤,观察、分析其结构特点,搞清楚各自的作用。

(3) 观察、分析其结构特点,掌握工作原理,比较它和溢流阀的不同之处。

(4) 装配时,遵循先拆的部件后安装,后拆的零部件先安装的原则,特别注意小心装配阀芯,防止阀芯卡死,正确合理地安装,保证减压阀能正常工作。

(5) 注意拆装中弄脏的零部件应用煤油清洗后才可装配。

复习与思考

1. 何谓换向阀的"位"与"通"?分别画出二位三通机动换向阀、三位四通电磁换向阀三位五通电液换向阀的图形符号。

2. 何谓换向阀的中位机制?分别画出 O 形、M 形、H 形、P 形和 Y 形中位机能,并说明各有什么特点。

3. 图 5-30 所示的两个系统中,各溢流阀的设定压力分别为 $p_A = 4.5$MPa,$p_B = 3$MPa,$p_C = 2$MPa。若系统的外负载趋于无限大,泵的工作压力各为多大?

4. 在图 5-31 中,将两个规格相同、调定压力分别为 p_1 和 p_2($p_1 > p_2$) 的定值减压阀并联使用,若进口压力为 p_i,忽略管路损失,试分析出口压力 p_o 如何确定。

5. 在图 5-32 中,如果将调整压力分别为 10MPa 和 5MPa 的顺序阀 F_1 和 F_2 串联或并联使用,试分析进口压力为多少。

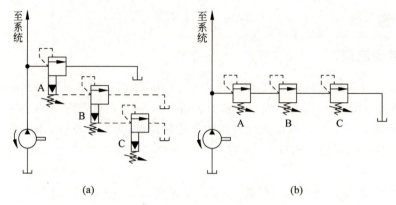

图 5-30 题 3 图

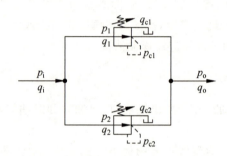

图 5-31 题 4 图

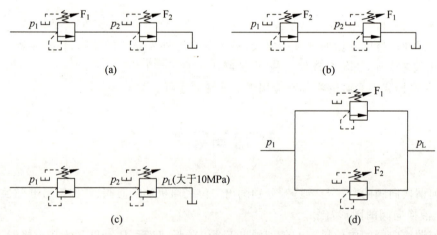

图 5-32 题 5 图

6. 在图 5-33 所示的回路中,溢流阀的调整压力为 5MPa,减压阀的调整压力为 2.5MPa,试分析下列情况,并说明减压阀阀口处于什么状态。

(1) 当泵压力等于溢流阀调整压力时,夹紧缸使工件夹紧后,A、C 点的压力各为多少?

(2) 当泵压力由于工作缸快进,压力降到 1.5MPa 时(工作原先处于夹紧状态)A、C 点的压力各为多少?

(3) 夹紧缸在夹紧工件前做空载运动时,A、B、C 三点的压力各为多少?

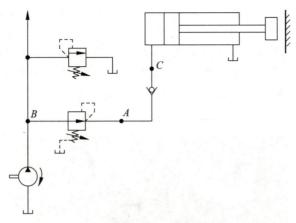

图 5-33 题 6 图

7. 如图 5-34 所示系统，缸 Ⅰ、Ⅱ 的外负载 $F_1=20000\text{N}$，$F_2=30000\text{N}$，有效工作面积都是 $A=50\text{cm}^2$，要求缸 Ⅱ 先于缸 Ⅰ 动作，问：

(1) 顺序阀和溢流阀的调整压力分别为多少？

(2) 不计管道阻力损失，缸 Ⅰ 动作时，顺序阀进口、出口压力分别为多少？

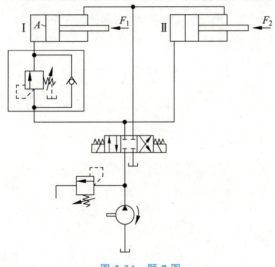

图 5-34 题 7 图

国之重器：2500kJ 大型液压打桩锤

液压打桩锤是海上风机基础安装的核心装备。目前，国内在役的大直径液压打桩锤全部依赖进口，基本由荷兰 IHC 和德国 MENCK 两家公司所垄断。

2018 年龙源振华公司自主研制的国内首台 2500kJ 大型液压打桩锤出厂下线，2019 年获得挪威 DNV 船级社第三方鉴定认证。打桩锤自重约 380t，总高为 18.5m，主要由锤体、液压动力站和电气控制部分组成,最大打桩直径 5.5m,单次打击产生的能量最高可达到 2500kJ,相当于一个 100t 重的重物自由落体 2.5m 到地面上产生的动能。

龙源振华公司的 YC2500 大型液压打桩锤(图 5-35)以自主研发的缸阀一体驱动技术占据了技术制高点,解决了土基单桩基础施工的"打"桩难题,达到国际先进水平,成本仅为国外同类产品一半,从机械到电气,从硬件到软件等关键装备均实现国产化。在海上风电项目施工中得以成功应用,成功打破了国外对大型海洋液压打桩锤长期的技术和市场垄断。

图 5-35　YC2500 大型液压打桩锤

第 6 章

液压辅助元件

第 6 章微课视频

液压辅助元件是液压系统的组成部分之一,包括蓄能器、过滤器、油箱、密封件、管件和热交换器等,这些元件对液压系统的性能、效率、温升、噪声和寿命有很大的影响,如果辅助装置出现故障后处理不当,会严重影响整个液压系统的工作性能,甚至使系统无法正常工作。

6.1 蓄 能 器

蓄能器是在液压系统中储存和释放压力能的元件。它应用于间歇需要大流量的系统中,还可以作为短时供油和吸收系统的振动、冲击的液压元件。

6.1.1 蓄能器的功用

蓄能器的功用主要有以下几个方面。

(1) 用作辅助动力源。在间歇工作或实现周期性动作循环的液压系统中,蓄能器可以把液压泵输出的多余压力油储存起来。当系统需要时,由蓄能器释放出来。这样可以减少液压泵的额定流量,从而减小电动机的功率消耗,降低液压系统温升。在有些场合为防止停电或驱动液压泵的电动机发生故障,蓄能器可作为应急能源短期使用,如图 6-1(a) 所示。

(2) 吸收冲击和消除压力脉动。当阀门突然启、闭时,可能在液压系统中产生冲击压力。在产生冲击压力的部位加接蓄能器,可使冲击压力得到缓和,提高系统工作的平稳性。液压泵在工作时会产生流量和压力的脉动变化,引起振动和噪声。此时可在液压泵的出口安装蓄能器,能够吸收或减少这种流量脉动成分和其他因素造成的压力脉动变化,降低系统的噪声,减少因振动引起的仪表和管接头等元件的损坏,如图 6-1(b) 所示。

(3) 补偿泄漏和保持恒压。当液压系统要求在较长时间内保压时,可采用蓄能器,补充其泄漏,使系统压力保持在一定范围内,如图 6-1(c) 所示。

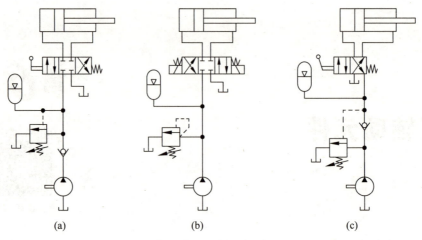

图 6-1 蓄能器的功用

6.1.2 蓄能器的类型

蓄能器从结构原理上可以分为重锤式、弹簧式和充气式三种,目前最常用的是充气式蓄能器。充气式蓄能器利用压缩气体储存能量。按照蓄能器结构的不同可将其分为直接接触式蓄能器和隔离式蓄能器两类。隔离式蓄能器又分为活塞式蓄能器和气囊式蓄能器两种。

1. 活塞式蓄能器

活塞式蓄能器的结构和图形符号如图 6-2 所示。它利用活塞 2 将气体 1 与液压油 3 隔离,以减少气体渗入油液的可能性。活塞随着下部油压的增减在缸体内上下移动,活塞向上移动,蓄能器就蓄能。

这种蓄能器结构简单,工作平稳、可靠,安装、维护方便,寿命长。但这种蓄能器实际上是一个大的气缸,因此对缸壁及活塞外圆有较高的加工要求,这使其成本提高。另外,活塞的摩擦力会影响蓄能器动作的灵敏性,且活塞不能完全防止气体浸入。

2. 气囊式蓄能器

气囊式蓄能器的结构和图形符号如图 6-3 所示,壳体 2 为两端呈球形的圆柱体,壳体内有一个用耐油橡胶制成的气囊 3,气囊出口设有充气阀 1,充气阀只有在为气囊充气时才打开,平时关闭。壳体下部装有一个受弹簧力作用的菌形阀 4,在工作状态下压力油经菌形阀进出,当油液排空时,菌形阀可以防止气囊被挤出。另外,充气时一定要打开螺塞 5,以便把壳体中的气体放掉,充气后再拧紧螺塞。

这种蓄能器气体和液体完全隔开,而且蓄能器的重量轻、惯性小、反应灵敏、容易维护,是当前应用较广泛的一种蓄能器。但气囊和壳体制造较困难,气囊的使用寿命也较短。

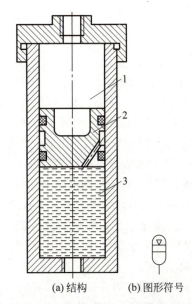

图 6-2 活塞式蓄能器的结构和图形符号
1—气体；2—活塞；3—液压油

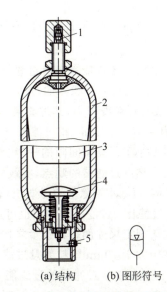

图 6-3 气囊式蓄能器的结构和图形符号
1—充气阀；2—壳体；3—气囊；4—菌形阀；5—螺塞

6.1.3 蓄能器的安装及使用

(1) 充气式蓄能器中应使用惰性气体(一般为氮气)，允许工作压力视蓄能器结构形式而定。

(2) 在安装蓄能器时，应将油口朝下垂直安装，只有在空间位置受限制时才允许倾斜或水平安装。

(3) 装在管路上的蓄能器必须用支架固定。

(4) 蓄能器是压力容器，搬运和装拆时应先排除内部的气体，工作时要注意安全。

(5) 蓄能器与管路系统之间应安装截止阀，这便于在系统长期停止工作以及充气或检修时，将蓄能器与主油路切断。

(6) 蓄能器与液压泵之间应设单向阀，以防止液压泵停转时蓄能器内的液压油倒流。

(7) 用于吸收液压冲击和脉动压力的蓄能器应尽可能安装在振源附近，以便于检修。

6.2 过滤器

液压系统中所使用的液压油不可避免地会混入杂质。据统计资料表明，液压系统的故障约有 80% 以上是由于油液污染造成的。油液中的杂质会导致液压系统中相对运动零件表面磨损、划伤，甚至卡死，还会堵塞液压控制阀的节流口和管路小口，使液压系统不能正常工作。因此，对系统中油液污染物的颗粒大小及数量进行控制，使油液保持清洁是确保液压系统能正常工作的必要条件。

过滤器的功用就是不断净化油液，将其污染程度控制在允许范围内。过滤器的符号如图 6-4 所示。

图 6-4 过滤器的符号

6.2.1 过滤器的主要性能参数

过滤器的主要性能参数有过滤精度、过滤比、过滤能力等。

(1) 过滤精度：过滤器的过滤精度通常用被滤掉的杂质颗粒的公称直径 d 表示，单位为 μm。杂质颗粒度越小，其过滤精度越高，一般分为四个等级：粗过滤器 $d \geqslant 100 \mu m$，普通过滤器 d 为 $10 \sim 100 \mu m$，精过滤器 d 为 $5 \sim 10 \mu m$，特精过滤器 d 为 $1 \sim 5 \mu m$。一般要求系统过滤精度小于运动副间隙的一半。此外，压力越高，对过滤精度要求越高。近年来有一种推广使用高精度过滤器的观点，实践证明，采用高精度过滤器，液压泵和液压马达的寿命可延长 4~10 倍，可基本消除泵的污染、卡紧和堵塞故障，并可延长液压油和过滤器本身的寿命。

(2) 过滤比：过滤器的作用也可用过滤比表示。过滤比是单位体积的流入液体和流出液体中大于规定尺寸的颗粒数量之比，用 β 表示。以颗粒尺寸等级作为 β 下标，如 $\beta_{10}=75$ 表示液体中大于 $10\mu m$ 颗粒数量过滤器上游是下游的 75 倍。

(3) 过滤能力：过滤器的过滤能力是指油液流经过滤器产生一定压差的情况下，单位过滤面积通过流量的大小。液压泵吸油管的过滤器，其过滤能力应为泵最大流量的 2 倍。

6.2.2 过滤器的类型

按滤芯的材质和过滤方式的不同，过滤器可分为网式、线隙式、纸芯式、烧结式和磁性式等多种类型。

(1) 网式过滤器：网式过滤器也称滤油网或滤网，其应用比较普遍。图 6-5 所示的是网式过滤器的结构，它用细铜丝网 1 作为过滤材料，包在周围开有很多窗孔的塑料或金属筒形骨架 2 上。过滤精度一般为 0.1mm，阻力小，其压力损失不超过 0.025MPa，安装在液压泵吸油口处，保护泵不受大粒度机械杂质的损坏。此种过滤器结构简单，清洗方便。

(2) 线隙式过滤器：图 6-6 所示的是线隙式过滤器的结构，滤芯 2 是用铜线或铝线绕在筒形芯架 3 的外部而形成，利用线间的缝隙进行过滤。过滤精度为 0.03~0.1mm，压力损失为 0.02~0.06MPa。此种过滤器结构简单，通流能力大，但滤芯材料强度低，不易清洗。一般用于低压(<2.5MPa 回路或辅助回路)。

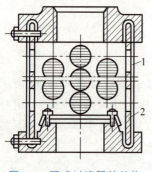

图 6-5 网式过滤器的结构
1—铜丝网；2—筒形骨架

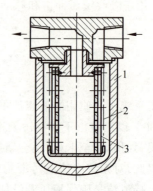

图 6-6 线隙式过滤器的结构
1—壳体；2—滤芯；3—芯架

(3) 纸芯式过滤器：图 6-7 所示的是纸芯式过滤器的结构，它采用折叠型以增加过滤面积的微孔纸芯 1 包在由铁皮制成的骨架 2 上。为了增大过滤纸的过滤面积，纸芯 1 一般做成折叠式。在纸芯内部有带孔的镀锡铁皮做成的芯架，用来增加强度，以避免纸芯 1 被液压油压破。油液从滤芯外面进入滤芯，然后从孔 a 流出。过滤精度为 0.005~0.03mm，压力损失为 0.01~0.35MPa。纸芯式过滤器的过滤效果好，但滤芯堵塞后无法清洗，要更换纸芯。常用于精过滤，可在 38MPa 高压下工作。

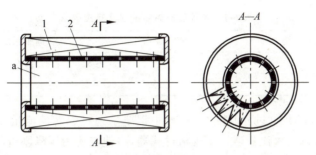

图 6-7 纸芯式过滤器的结构
1—纸芯；2—骨架

(4) 烧结式过滤器：图 6-8 所示为烧结式过滤器的结构，它的滤芯 3 是用颗粒状青铜粉烧结而成。油液从左侧油孔进入，经杯状滤芯过滤后，从下部油孔流出。过滤精度为 0.01~0.1mm，压力损失较大，为 0.03~0.2MPa。烧结式过滤器制造简单、耐腐蚀、强度高。金属颗粒有时脱落，堵塞后清洗困难，常用在回油路上。

(5) 磁性过滤器：磁性过滤器的滤芯采用永磁性材料，可以将油液中对磁性敏感的金属颗粒吸附到上面。常与其他形式滤芯一起制成复合式过滤器，对加工金属的机床液压系统特别适用。图 6-9 所示为磁性过滤器的结构。它的中心为一圆筒式永久磁铁 3，在磁铁的外部罩一非磁性的罩子 2，罩子 2 外面绕着四只铁环 1，它们由铜条连接（图中未标出）；每只铁环之间保持一定的间隙。当油液中能磁化的杂质经过铁环间的间隙堵塞时，可将两半只铁环取下清洗，然后再装上去反复使用。

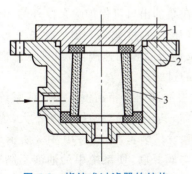 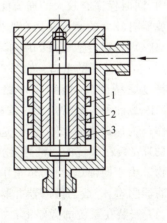

图 6-8 烧结式过滤器的结构　　　　**图 6-9 磁性过滤器的结构**
1—端盖；2—壳体；3—滤芯　　　　1—铁环；2—罩子；3—永久磁铁

6.2.3 过滤器的选用

选用过滤器时应考虑以下几个方面。

(1) 过滤精度应满足系统提出的要求。滤芯的滤孔尺寸可根据过滤精度的要求选取。不同液压系统对过滤器的过滤精度要求如表 6-1 所示。

表 6-1 各种液压系统的过滤精度要求

系统类别	润滑系统	传动系统		伺服系统	特殊要求系统
压力/MPa	0~2.5	≤7	>7	≤21	≤35
过滤精度/μm	≤100	<50	≤25	≤5	≤1

（原表"传动系统"下有 ≤35，对应 >7 列）

(2) 要有足够的通流(过滤)能力。一般根据要求通过滤芯的流量,由产品样本选用相应规格的滤芯。若以较大流量通过小规格过滤器,将使液流的压降剧增,使滤芯堵塞加快而达不到预期的过滤效果。

(3) 要有一定的机械强度,不因液体压力而破坏。

(4) 滤芯抗腐蚀性能好,能在规定的温度下持久工作。

(5) 滤芯清洗或更换简便。

(6) 考虑过滤器其他功能。对于不能停机的液压系统,必须选择切换式结构的过滤器,可以不停机更换滤芯;对于需要滤芯堵塞报警的场合,则可选择带发信装置的过滤器。

6.2.4 过滤器的安装

过滤器一般安装在液压泵的吸油口、压油口及重要元件的前面。通常液压泵吸油口安装粗过滤器,压油口和重要元件前安装精过滤器。

(1) 安装在泵的吸油口:在泵的吸油口安装网式或线隙式过滤器,防止大颗粒杂质进入泵内,同时保证有较大的通流能力,防止空穴现象,如图 6-10 中 1 所示。这种安装方式要求过滤器有较大的通流能力(大于液压泵流量的两倍)和较小的阻力(阻力不大于 0.01~0.02MPa),否则会造成泵的吸油不畅,严重时会出现气穴现象和强烈的噪声。

(2) 安装在泵的出口:如图 6-10 中 4 所示,安装在泵的出口可保护除泵以外的元件,但需选择过滤精度高、能承受油路上工作压力和冲击压力的过滤器,压力损失一般小于 0.35MPa。此种方式常用于过滤精度要求高的系统及伺服阀和调速阀前,以确保它们的正常工作。为保护过滤器本身,应选用带堵塞发信装置的过滤器。

(3) 安装在系统的回油路上:安装在回油路可滤去油液回油箱前侵入系统或系统生成的污物。由于回油压力低,可采用滤芯强度低的过滤器,其压力降对系统影响不大,为了防止过滤器阻塞,一般与过滤器并联一安全阀或安装堵塞发信装置,如图 6-10 中 3 所示。

(4) 安装在系统的旁路上:如图 6-10 中 2 所示,与阀并联,使系统中的油液不断净化。由于过滤器只通过泵的部分流量,所以过滤器的尺寸可减小。

(5) 安装在独立的过滤系统:如图 6-10 中 5 所示,在大型液压系统中,可专设液压泵和过滤器组成的独立过滤系统,专门滤去液压系统油箱中的污物,通过不断循环,提高油液清

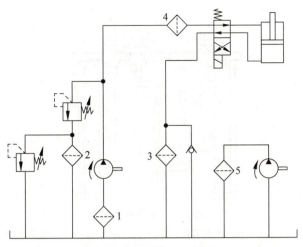

图 6-10 过滤器的安装位置

洁度,这更有利于控制系统中油液的污染程度。这种安装方式需要增加设备(泵),适用于大型机械的液压系统。

使用过滤器时还应注意过滤器只能单向使用,按规定液流方向安装,以利于滤芯清洗。

6.3 油　　箱

6.3.1 油箱的功用与种类

油箱的主要功用是储存液压油液,此外还起着对油液的散热、杂质沉淀和分离油液中气体等作用。

按油面是否与大气相通,可分为开式油箱和闭式油箱。开式油箱广泛用于一般的液压系统;闭式油箱则用于水下和对工作稳定性、噪声有严格要求的液压系统中。

液压系统中油箱有整体式和分离式两种,整体式油箱利用主机的内腔作为油箱,这种油箱结构紧凑,各处漏油易于回收,但散热性差,易使邻近构件发生热变形,从而影响机械设备精度,而且维修不方便。分离式油箱是单独设置的,与主机分开,它布置灵活,维修保养方便,可减少油箱发热和液压振动对工作精度的影响,因此得到了普遍的应用。

6.3.2 油箱的基本结构

图 6-11 所示为小型分离式油箱。通常油箱壁板用 3～6mm 钢板焊接而成,油箱内部用隔板 7、9 将吸油管 1 与回油管 4 隔开。顶部、侧部和底部分别装有网式过滤器 2、液位计 6 和排放污油的放油阀 8。安装液压泵及其驱动电动机的顶盖 5 固定在油箱顶面上,顶盖 5 的厚度为壁板的 3～4 倍,以保证刚度,底板的厚度与壁板相同或稍厚一些。

油箱结构一般设计要求如下。

(1)泵的吸油管与系统回油管之间的距离应尽可能远一些,管口都应位于最低液面以

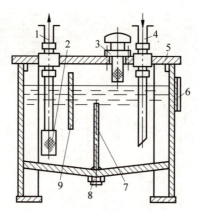

图 6-11 分离式油箱

1—吸油管；2—网式过滤器；3—空气过滤器；4—回油管；
5—顶盖；6—液位计；7、9—隔板；8—放油阀

下,但离油箱底要大于管径的 2～3 倍,以免吸空和飞溅起泡。吸油管端部所安装的滤油器离箱壁要有 3 倍管径的距离,以便四面进油。回油管口应截成 45°斜角,以增大回流截面,并使斜面对着箱壁,以利散热和沉淀杂质。

(2) 在油箱中设置隔板,以便将吸、回油隔开,迫使油液循环流动,利于散热和沉淀。

(3) 设置空气滤清器与液位计,空气滤清器的作用是使油箱与大气相通,保证泵的自吸能力,滤除空气中的灰尘杂质,有时兼做加油口,它一般布置在顶盖上靠近油箱边缘处。

(4) 设置放油口与清洗窗口,将油箱底面做成斜面,在最低处设放油口,平时用螺塞或放油阀堵住,换油时将其打开放走油污。为了便于换油时清洗油箱,大容量的油箱一般均在侧壁设清洗窗口。

(5) 最高油面只允许达到油箱高度的 80%,油箱底脚高度应在 150mm 以上,以便散热、搬移和放油,油箱四周要有吊耳,以便起吊装运。

(6) 油箱的有效容量是指油面高度为油箱高度的 0.8 时,油箱内所储油液的容积。在低压系统中为泵公称流量的 2～4 倍,在中压系统中为泵公称流量的 5～7 倍,在高压系统中为泵公称流量的 6～12 倍。

(7) 油箱正常工作温度为 30～50℃,最高不超过 65℃,最低温度不应低于 15℃,在环境温度变化较大的场合要安装热交换器。

6.4 密封装置

密封装置的功用是防止液压元件和液压系统中液压油的泄漏,保证建立起必要的工作压力。密封是解决液压系统泄漏问题的有效手段之一。当液压系统密封好时,可以防止外漏油液污染工作环境,节省油料。密封装置应具有良好的密封性能,结构简单,维护方便,价格低。

密封按其工作原理可分为间隙密封和密封圈密封两种方式。

6.4.1 间隙密封

间隙密封是靠相对运动件配合面之间的微小间隙进行密封的,如图 6-12 所示。间隙密封常用于柱塞、活塞或阀的圆柱配合副中,这种密封的优点是摩擦力小,缺点是磨损后不能自动补偿。

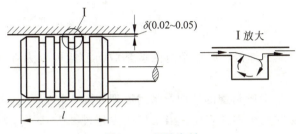

图 6-12 间隙密封

在圆柱形表面的间隙密封中,常在圆柱表面上开几条环形小槽,开槽后,环形槽内的液压力能均匀分布,对液压缸来说,就保证了活塞和缸体的同轴,使摩擦力减小,泄漏量减少,所以小槽也称为压力平衡槽;环形槽也起密封作用,当压力油流经沟槽时产生涡流,从而产生能量损失,使泄漏减少。间隙密封仅用于尺寸较小、压力较低、运动速度较高的场合。

6.4.2 密封圈密封

密封圈密封是液压系统中应用最广泛的密封方法之一,密封圈选用耐油橡胶、尼龙等材料制成,其截面有 O 形、唇形、Y 形、V 形等。

1. O 形密封圈

如图 6-13 所示,O 形密封圈一般用耐油橡胶制成,其截面呈圆形,具有良好的密封性能,内外侧和端面都能起密封作用,结构简单,制造容易,运动摩擦阻力小。其工作压力可达 70MPa,工作温度为 -40~120℃。

如图 6-14(a) 所示,O 形密封圈是依靠自身的弹性变形进行密封的。当工作介质的压力超过一定限度,O 形密封圈将从密封槽的间隙中被挤出而受到破坏,导致密封效果降低或失去密封作用,如图 6-14(b) 所示。因此,当油液工作压力超过 10MPa 时,要在其侧面加聚四氟乙烯挡圈。若密封圈单向受压,挡圈应加在非受压侧,如图 6-14(c) 所示。若密封圈双向受压,两侧应同时加挡圈,如图 6-14(d) 所示。

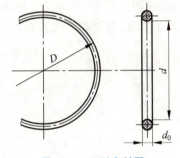

图 6-13 O 形密封圈

2. 唇形密封圈

唇形密封圈是将密封圈的受压面制成某种唇形的密封件。这种密封件的特点是能随着工作压力的变化自动调整密封性能,压力越高则唇边被压得越紧,密封性越好;当压力降低时唇边压紧程度也随之降低,从而减少了摩擦阻力和功率消耗,除此之外,还能自动补偿唇

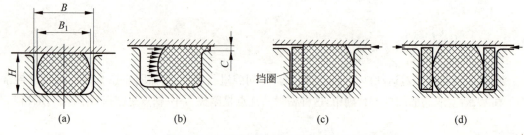

图 6-14 O 形密封圈的工作原理示意图

边的磨损,保持密封性能不降低。唇形密封圈按其截面形状可分为 Y 形、V 形、U 形、L 形和 J 形等。

(1) Y 形密封圈:Y 形密封圈的结构及密封原理如图 6-15 所示。液压力将密封圈的两唇边 h_1 压向形成间隙的两个零件表面。当工作压力超过 20MPa 时,为防止密封圈挤入密封面间隙,应加挡圈;当工作压力有较大波动时,要加支撑环,如图 6-16 所示。

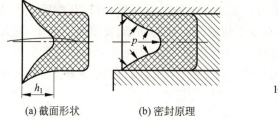

图 6-15 Y 形密封圈的结构及密封原理示意图

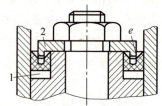

图 6-16 加支承环和挡圈的 Y 形密封圈
1—挡圈;2—支撑环

(2) V 形密封圈:V 形密封圈是由压环、密封环和支撑环组成,如图 6-17 所示。安装时开口应面向高压侧,当密封压力高于 10MPa 时,可增加密封环的数量。此种密封能够耐高压,可靠性高,但密封处摩擦阻力较大,适用于相对运动速度不高的场合。

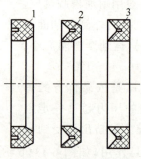

图 6-17 V 形密封圈
1—压环;2—密封环;3—支撑环

6.5 油管与管接头

液压系统的管件包括油管和管接头,它们是连接各类液压元件、输送液压油的装置。管件应具有足够的强度、无泄漏、压力损失小且装拆方便。

6.5.1 油管

1. 油管的种类

液压系统常用的油管有钢管、紫铜管、塑料管、尼龙管、橡胶软管等。使用时应当根据液压装置工作条件和压力大小来选择油管,各类油管的特点及适用场合如表 6-2 所示。

表 6-2 各类油管的特点及适用场合

种 类		特点和适用场合
硬管	钢管	钢管分为焊接钢管和无缝钢管。压力小于 2.5MPa 的场合可用焊接钢管;压力大于 2.5MPa 的场合常用 10 号或 15 号冷拔无缝钢管。需要防腐蚀、防锈的场合可选用不锈钢管;超高压系统可选用合金钢管。钢管能承受高压,油液不易氧化,价格低廉;缺点是弯曲和装配均较困难。因此,钢管多用于装配部位限制少、装配位置定型以及大功率的液压传动装置
	紫铜管	紫铜管可承受的压力是 6.5~10MPa,装配时它可根据需要弯成任意形状,因而适用于小型设备及内部装配不方便的场合。缺点是成本较高,易使液压油氧化,抗振能力较弱。目前,纯铜管在中、小型机床的液压系统中用得比较多,其他设备的液压系统中用得较少并应尽量少用
软管	塑料管	塑料管耐油,价低,装配方便,长期使用易老化,只适用于压力低于 0.5MPa 的回油管或泄油管
	尼龙管	尼龙管为乳白色半透明,可观察液压油流动情况,价格较低,加热后可随意弯曲,扩口冷却后定型,安装方便,承压能力因材料而异(2.5~8MPa)
	橡胶软管	橡胶软管常用于相对运动部件的连接,分高压和低压两种。高压软管由耐油橡胶夹有几层钢丝编织网制成,层数越多耐压越高,其最高承受压力可达 42MPa。其价格较高,用于压力管路。低压软管是用麻线或棉线编织的胶管,承受压力一般在 10MPa 以下,用于回油管路。橡胶软管安装方便,不怕振动,还能吸收部分液压冲击

2. 液压系统对管路的基本要求

(1) 管路要有足够的强度,能承受系统的最高冲击压力和工作压力。

(2) 管路与各元件及装置的各连接处要保证密封可靠,不泄漏,不松动。

(3) 在系统的不同部位,应选用适当的管径。管路应尽量短,布置整齐,转弯少,为避免管路皱折,以减少压力损失,硬管装配时的弯曲半径要足够大,弯曲半径应大于其直径的 3 倍,管径小时还要加大。

(4) 管路应平行布置,尽量避免交叉,平行管间距要大于 10mm,以防接触振动,并给安装管接头留有足够的空间。

(5) 软管安装时不许拧扭,直线安装时要有余量,以适应油温变化、受拉和振动的需要。软管弯曲半径要大于软管外径的 9 倍,弯曲处到管接头的距离至少等于外径的 6 倍。

(6) 对安装前的管子一般先用 20% 的硫酸或盐酸进行酸洗,再用 10% 的苏打水中和,然后用温水清洗后进行干燥、涂油处理,并做预压试验。

6.5.2 管接头

管接头是油管与液压元件、油管与油管之间的连接件。除外径大于 50mm 的金属管采用法兰连接外,对于小直径的液压油管普遍采用管接头连接,如扩口式管接头、焊接式管接头、卡套式管接头等。

1. 扩口式管接头

图 6-18 所示为扩口式管接头,这种管接头适用于铜管和薄壁钢管,也可以用来连接尼龙管和塑料管。连接情况如图 6-18(a)所示,装配前先把要连接的油管套装上导套 2 和螺母 3,然后将油管端部在专门工具上(图 6-18(b))扩成喇叭口(扩口角为 74°～90°),即可装在接头体 4 上。靠旋紧螺母时产生的轴向力把油管的扩口部分夹在导套 2 和接头体 4 相对应的锥面之间,从而实现连接和密封。

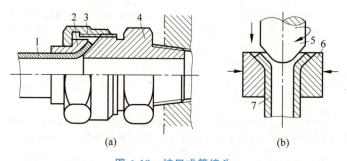

图 6-18　扩口式管接头

1—管接头；2—导套；3—螺母；4—接头体；5、6—扩口用模具；7—被扩管子

扩口式管接头结构简单且造价低,一般适用于中低压系统($p \leqslant 10$MPa)。

2. 焊接式管接头

如图 6-19 所示,焊接式管接头主要由接头体、螺母和接管组成,是将管子的一端与管接头上的接管 1 焊接起来后,再通过管接头上的螺母 2、接头体 3 等与其他管子式元件连接起来的一类管接头。管接头与接管 1 之间的密封可采用球面压紧的方法进行密封,如图 6-19(a)所示,除此之外还可采用 O 形密封圈密封,如图 6-19(b)所示,或加金属密封垫圈的方法加以密封,如图 6-19(c)所示。

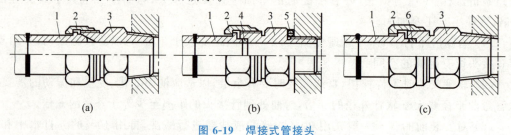

图 6-19　焊接式管接头

1—接管；2—螺母；3—接头体；4—O 形密封圈；5—橡胶和金属组合密封圈；6—垫圈

焊接管接头具有制造工艺简单、拆装方便、耐高压和强烈振动、密封性能好等优点,因而广泛应用于高压系统。

3. 卡套式管接头

卡套式管接头的形式种类很多,但基本结构都是由接头体1、螺母3和卡套4这三个基本零件组成,如图6-20所示。卡套是一个在内圆端部带有锋利刃口的金属环,当螺母和接头体拧紧时,内锥面使卡套两端受到一压紧力作用,卡套中间部分产生弹性变形而鼓起并将刃口切入被连接的接管2的管壁而起连接和密封作用,如图6-20(b)所示。卡套还能作锁紧弹簧用,以防止螺母3松动。

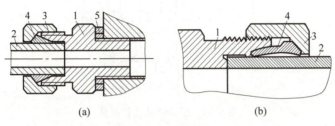

图 6-20 卡套式管接头

1—接头体;2—接管;3—螺母;4—卡套;5—密封垫圈

卡套式管接头不需要密封件,其工作可靠、装拆方便,但卡套的制作工艺要求高,对被连接油管的精度要求也较高。

4. 软管接头

软管接头一般与钢丝编织的高压橡胶软管配合使用,它分为可拆式和扣压式两种。图6-21所示为可拆式软管接头,它主要由接头螺母1、接头体2、外套3和胶管4组成。胶管夹在两者之间,拧紧后,连接部分胶管被压缩,从而达到连接和密封的作用。图6-22所示为扣压式软管接头,它主要由接头螺母1、接头芯2、接头套3和胶管4构成。装配前先剥去胶管上的一层外胶,然后把接头套套在剥去外胶的胶管上,再插入接头芯,然后将接头套套在压床上,用压模进行挤压收缩,使接头套内锥面上的环形齿嵌入钢丝层达到牢固的连接,也使接头芯外锥面与胶管内胶层压紧而达到密封的目的。

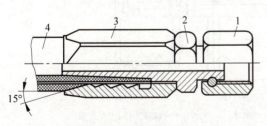

图 6-21 可拆式软管接头

1—接头螺母;2—接头体;3—外套;4—胶管

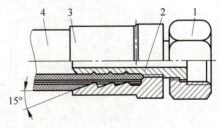

图 6-22 扣压式软管接头

1—接头螺母;2—接头芯;3—接头套;4—胶管

5. 铰接式管接头

铰接式管接头用于液流方向呈直角的连接,它可以随意调整布管方向,安装方便,占用空间小。铰链式管接头按照安装之后呈直角的两管道是否可以相对摆动,可分为固定铰接式管接头和活动铰接式管接头。图 6-23 所示为活动铰接式管接头。活动铰接式管接头的接头芯 1 靠肩台和弹簧卡圈 4 保持与接头体 2 的相对位置,两者之间有间隙可以转动,其密封由套在芯子外圆的 O 形密封圈予以保证。铰接式管接头与管道的连接形式可以是卡套式或焊接式,使用压力可达 32MPa。

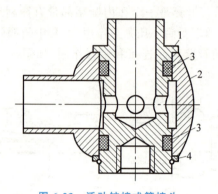

图 6-23　活动铰接式管接头
1—接头芯;2—接头体;3—密封件;4—弹簧卡圈

6. 快换接头

快换接头是一种不需要使用任何工具就能实现迅速连接或断开的管接头。它适用于需要经常拆装的液压管路。图 6-24 所示为快换接头的接通位置,此时两个接头的结合是通过接头体上的 6～12 个钢球被压落在接头体的 V 形槽内实现的。接头体内的单向阀阀芯由前端的顶杆相互顶开,形成液流通道,液体可由一端流向另一端。当需要断开油路时,只需将外套 5 向左推,同时拉出内接头体 6,于是钢球 4 退出 V 形槽,接头体的单向阀阀芯在弹簧力的作用下外移,将通道关闭,油液不会外漏。图 6-24 所示的快换接头的额定工作压力可达 32MPa。

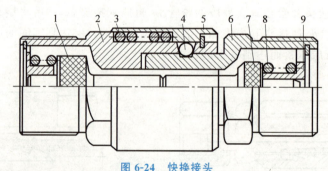

图 6-24　快换接头
1、7—单向阀芯;2—外接头体;3、8—弹簧;4—钢球;5—外套;6—内接头体;9—弹簧座

液压系统中的泄漏问题大部分出现在管系的接头上,为此对管材的选用、接头形式的确定(包括接头设计、垫圈、密封、箍套、防漏涂料的选用等)、管系的设计(包括弯管设计、管道支承点和支承方式的选取等)以及管道的安装(包括正确的运输、储存、清洗、组装等)都要谨慎,以免影响整个液压系统的使用质量。

6.6 压力表附件

6.6.1 压力表

压力表用于观察液压系统中各工作点（如液压泵出口、减压阀之后等）的压力，以便于操作人员把系统调整到要求的工作压力。

压力表的种类很多，常用的是弹簧弯管式压力表，如图 6-25 所示。压力油进入金属弯管 1 时，弯管变形而曲率半径加大，通过杠杆 4 使扇形齿轮 5 摆动，扇形齿轮与小齿轮 6 啮合，小齿轮带动指针 2 转动，在刻度盘 3 上就可读出压力值。

压力表精度等级的数值是压力表最大误差占量程（压力表的测量范围）的百分数。一般机床上的压力表用 2.5～4 级精度即可。选用压力表时，一般按照系统压力为量程的 2/3～3/4（系统最高压力不应超过压力表量程的 3/4）。压力表必须直立安装。为了防止压力冲击而损坏压力表，常在压力表的通道上设置阻尼小孔。

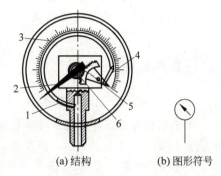

图 6-25 弹簧弯管式压力表的结构及图形符号

1—弯管；2—指针；3—刻度盘；4—杠杆；5—扇形齿轮；6—小齿轮

6.6.2 压力表开关

压力表开关用于接通或断开压力表与测量点油路的通道。压力表开关有一点式、三点式、六点式等类型。多点压力表开关可按需要分别测量系统中多点处的压力。

图 6-26 所示为六点式压力表开关，图示位置为非测量位置，此时压力表油路经小孔 a、沟槽 b 与油箱接通，若将手柄向右推进去，沟槽 b 将把压力表与测量点接通，并把压力通往油箱的油路切断，这时便可测出该测量点的压力。如将其转到另一个位置，便可测出另一点的压力。

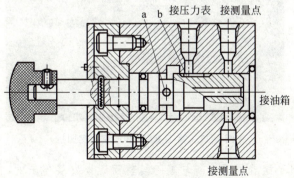

图 6-26 六点式压力表开关

a—小孔；b—沟槽

复习与思考

1. 常用的过滤器有哪几种类型？各有什么特点？一般应安装在什么位置？
2. 蓄能器的功用是什么？安装使用时应注意哪些问题？
3. 油管的类型有哪些？分别适用什么场合？
4. 油箱的作用是什么？设计油箱结构时应考虑哪些因素？
5. 选择过滤器应考虑哪些问题？

视野拓展

国之重器：徐工 EX7000E 液压挖掘机

液压挖掘机是一种大型多功能机械，在建筑、交通运输、水利施工、采矿、现代化军事工程等各个领域中都有十分广泛的应用，是各种土石方施工中不可缺少的主要机械设备。

20 世纪 70 年代初期，中国开始研制液压挖掘机，并且取得了一定的成绩，但与发达国家相比还有着不小的差距，因此国家在进行大型基础设施建设时，还得花大价钱从国外进口一定数量的液压挖掘机。

20 世纪 80 年代，中国积极引进国外先进技术，鼓励中国企业向国外液压挖掘机生产公司学习，同时在全国范围内进行大规模的基础设施建设，带动挖掘机行业进入高速发展时期。

目前，中国徐工集团生产出的新型液压挖掘机，总重达到了 700t，工作时一次性就能铲起 60 多吨的物料，一天就可以挖平一座小山。这标志着中国在这一领域已经达到了世界先进水平，成为继日本、德国、美国之后，第四个能够生产这一级别液压挖掘机的国家，同时，国产液压挖掘机在全球市场的份额也从 2000 年的 5% 增长到 2020 年的 70%（图 6-27）。

图 6-27　徐工 EX7000E 液压挖掘机

国产液压挖掘机是随着中国不断与国际接轨而逐渐发展起来的，在取得巨大成就之后又走向国际，向世界证明了中国是有着巨大的科技创新能力以及发展潜力的。

第7章 液压基本回路

第 7 章微课视频

所谓液压基本回路，就是指由一些液压元件组成并能完成某些特定功能的典型回路。任何一个液压系统，无论其多么复杂，实际上都是由一些液压基本回路组成的。所以熟悉这些基本回路的组成、原理及特点，对于了解和分析完整的液压系统以及正确使用和维护液压系统是十分必要的。

常用的液压基本回路，按其功能可以分为方向控制回路、压力控制回路、速度控制回路和多缸工作控制回路四大类。

7.1 方向控制回路

方向控制回路是利用各种方向控制阀来控制执行元件的启动、停止及换向的回路。常用的方向控制回路有换向回路、锁紧回路等。

7.1.1 换向回路

换向回路的功能是可以改变执行元件的运动方向，一般可采用各种换向阀来实现。其中，电磁换向阀的换向回路应用最为广泛，尤其在自动化程度要求较高的组合机床液压系统中被普遍采用。

图 7-1 所示为采用三位四通电磁换向阀的换向回路。当电磁铁 1YA 通电、2YA 断电时，换向阀处于左位工作，液压缸左腔进油，液压缸右腔的油流回油箱，活塞向右移动；当 1YA 断电、2YA 通电时，换向阀处于右位工作，液压缸右腔进油，液压缸左腔的油流向油箱，活塞向左移动；当 1YA、2YA 断电时，换向阀处于中位工作，活塞停止运动。

电磁换向阀换向快，换向时会有冲击，不适于频繁切换的场合，对于流量较大和换向平稳性要求较高的场合，往往采用液动换向阀或电液换向阀的换向回路。

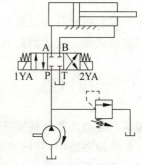

图 7-1 采用三位四通电磁换向阀的换向回路

7.1.2 锁紧回路

锁紧回路的功能是使执行元件停止在规定的位置上,且能防止因受外界影响而发生漂移或窜动。

通常采用O形或M形中位机能的三位换向阀构成锁紧回路,当阀芯处于中位时,执行元件的进、出油口都被封闭,可将执行元件锁紧不动。这种锁紧回路由于受到换向阀泄漏的影响,执行元件仍可能产生一定漂移或窜动,锁紧效果较差。

图7-2是采用液控单向阀的锁紧回路。在液压缸的进、回油路中都串接液控单向阀(又称液压锁),活塞可以在行程的任何位置锁紧。当换向阀处于右位时,压力油经单向阀1进入液压缸左腔,同时压力油也进入单向阀2的控制油口K,打开单向阀2,使活塞右行,液压缸右腔的油经单向阀2和换向阀流回油箱。反之,活塞向左运动,到了需要停留的位置,只要使换向阀处于中位,单向阀1和2关闭,使活塞停止运动并双向锁紧。

采用液控单向阀的锁紧回路,换向阀的中位机能应使液控单向阀的控制油液泄压(采用换向阀H形或Y形中位机能),此时,液控单向阀便立即关闭,活塞停止运动。如果采用O形中位机能,在换向阀中位时,由于液控单向阀的控制腔压力油被闭死,而不能使其立即关闭,影响其锁紧精度。由于液控单向阀的阀芯一般为锥阀,其密封性能好,泄漏少,锁紧精度只受液压缸内少量的内泄漏影响,因此,锁紧精度较高。这种回路广泛用于工程机械、起重机械等有锁紧要求的场合。

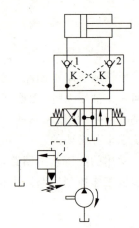

图7-2 采用液控单向阀的锁紧回路
1、2—单向阀

7.2 压力控制回路

压力控制回路是通过控制液压系统或系统中某一部位的压力,以满足执行元件对力或转矩要求的回路。这类回路包括调压、减压、卸荷、平衡和卸压等基本回路。

7.2.1 调压回路

调压回路的功能是使液压系统或系统中某一部分的压力保持恒定或不超过某一数值。在定量泵供油系统中,液压泵的供油压力可以通过溢流阀来调节。在变量泵系统中,用溢流阀作安全阀来限定系统的最高压力,防止系统过载。若系统在不同工作阶段需要两种以上的压力,则可采用多级调压回路。

1. 单级调压回路

图 7-3 所示为单级调压回路。系统由定量泵供油,采用节流阀 2 调节进入回路的流量,在液压泵 1 的出口处设置溢流阀 3,使多余的油液从溢流阀 3 流回油箱,从而控制液压系统的压力。调节溢流阀便可调节泵的供油压力。

2. 二级调压回路

图 7-4 所示为二级调压回路,可实现两种不同的系统压力控制。由先导式溢流阀 4 和直动式溢流阀 2 各调一级,当换向阀 3 电磁铁断电,系统压力由溢流阀 4 调定;当换向阀 3 得电后处于右位时,系统压力由溢流阀 2 调定。但溢流阀 2 的调定压力一定要小于溢流阀 4 的调定压力,否则溢流阀 2 不起作用。还可将溢流阀 2 直接接在溢流阀 4 的远程控制口上,去掉换向阀 3,即可成为远程调压回路。

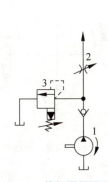

图 7-3 单级调压回路

1—液压泵;2—节流阀;3—溢流阀

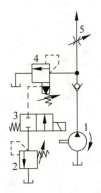

图 7-4 二级调压回路

1—液压泵;2、4—溢流阀;3—换向阀;5—节流阀

3. 多级调压回路

图 7-5 所示为三级调压回路。换向阀 2 电磁铁不通电时,液压泵出口压力由先导式溢流阀 1 调定;当换向阀 2 左、右电磁铁分别通电时,则液压泵的出口压力分别由溢流阀 3 和溢流阀 4 调定。因此,得到三级调定压力。但溢流阀 3 和溢流阀 4 的调定压力要小于溢流阀 1 的调定压力,而对溢流阀 3 和溢流阀 4 的调定压力之间没有什么约束。若将换向阀 2、溢流阀 3 和溢流阀 4 以同样的形式接在溢流阀 1 的远程控制口上,也是三级调压回路,只要换向阀 2、溢流阀 3 和溢流阀 4 用小流量规格即可(溢流阀 3、溢流阀 4 可改用远程调压阀)。

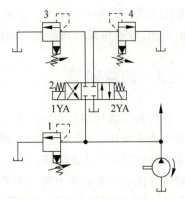

图 7-5 三级调压回路

1、3、4—溢流阀;2—换向阀

7.2.2 减压回路

减压回路的功用是使系统中的某一部分油路具有较系统压力低的稳定压力,如机床液

压系统中的定位、夹紧、回路分度以及液压元件的控制油路等,它们往往要求比主油路较低的压力,则可采用减压回路。

减压回路较为简单,最常见的减压回路是在所需低压的支路上串接定值减压阀,如图 7-6(a)所示。回路中的单向阀在主油路压力降低(低于减压阀调整压力)时防止油液倒流,起短时保压作用,减压回路中也可以采用类似两级或多级调压的方法获得两级或多级减压。如图 7-6(b)所示为利用先导式减压阀 1 的远控口接一远程溢流阀 2,则可由减压阀 1、溢流阀 2 各调得一种低压。但要注意,溢流阀 2 的调定压力值一定要低于减压阀 1 的调定减压值。

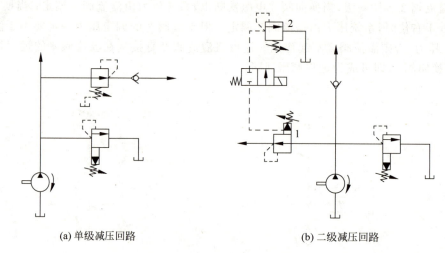

(a) 单级减压回路　　　　(b) 二级减压回路

图 7-6　减压回路

1—减压阀；2—溢流阀

为了使减压回路工作可靠,减压阀的最低设定压力不应小于 0.5MPa,最高设定压力至少要比系统压力小 0.5MPa。当减压回路中的执行元件需要调速时,调速元件应放在减压阀的后面,以避免减压阀泄漏口流回油箱的油液对执行元件的速度产生影响。

7.2.3　卸荷回路

卸荷回路的功用是在液压泵不停止转动的情况下,使液压泵在零压或很低压力下运转,以减小功率损耗,降低系统发热,延长液压泵和驱动电动机的使用寿命。因为液压泵的输出功率为其流量和压力的乘积,因而,两者任一近似为零,功率损耗即近似为零。因此液压泵的卸荷有流量卸荷和压力卸荷两种。前者主要使用变量泵,使变量泵仅为补偿泄漏而以最小流量运转,但泵仍在高压状态下运行,磨损比较严重；压力卸荷的方法是泵的出口直接接回油箱,使泵在零压或接近零压的状态下运行。

1. 利用三位阀中位机能的卸荷回路

图 7-7(a)所示为利用 M 形中位机能的三位四通电磁换向阀来实现卸荷的回路。换向阀在中位时可以使液压泵输出的油液直接流回油箱中,从而实现液压泵的卸荷。此外,H 形中位机能和 K 形中位机能也可以实现液压泵的卸荷,如图 7-7(b)、图 7-7(c)所示。对于低

压小流量液压泵,采用换向阀直接卸荷是一种简单而有效的方法。

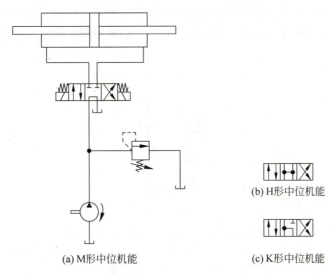

图 7-7 利用三位阀中位机能的卸荷回路

2. 利用二位二通阀的卸荷回路

图 7-8 所示为利用二位二通阀的卸荷回路。采用此方法的卸荷回路,必须使二位二通换向阀的流量与液压泵的额定流量相匹配。这种卸荷方法的卸荷效果较好,易于实现自动控制。一般适用于液压泵的流量小于 40L/min 的场合。

3. 利用溢流阀远程控制口的卸荷回路

图 7-9 所示为利用溢流阀远程控制口的卸荷回路,将溢流阀的远程控制口和二位二通电磁阀连接,当二位二通电磁阀通电时,溢流阀远程控制口接通油箱,溢流阀主阀打开,泵卸荷。在这种卸荷回路中,二位二通电磁阀只通过很少的流量,因此可用小流量规格阀,在实际应用中,通常将二位二通电磁阀和溢流阀组合在一起,称为电磁溢流阀。

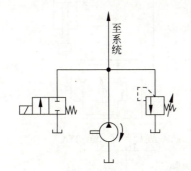
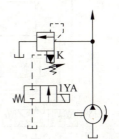

图 7-8 利用二位二通阀的卸荷回路　　图 7-9 利用溢流阀远程控制口的卸荷回路

4. 利用蓄能器保压泵的卸荷回路

如图 7-10 所示,液压泵 1 向系统及蓄能器 3 供油。当压力达到压力继电器 4 的调整压力时,压力继电器发出信号,使 1YA 电磁铁通电,液压泵卸荷,由蓄能器保持系统压力。保压时间取决于系统的泄漏、蓄能器的容量和压力继电器的通断调节区间(返回区间)。当压力降低到复位压力时,压力继电器的微动开关断开,1YA 断电,液压阀再次向系统和蓄能器供油。

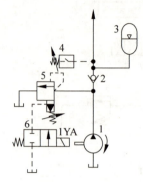

图 7-10　利用蓄能器保压泵的卸荷回路
1—液压泵；2—单向阀；3—蓄能器；4—压力继电器；5—溢流阀；6—换向阀

7.2.4　平衡回路

平衡回路的功用在于防止垂直或倾斜放置的液压缸和与之相连的工作部件因自重而自行下落。

图 7-11(a)为采用单向顺序阀的平衡回路,当 1YA 得电后活塞下行时,回油路上就存在着一定的背压；只要将这个背压调得能支撑住活塞和与之相连的工作部件自重,活塞就可以平稳地下落。当换向阀处于中位时,活塞就停止运动,不再继续下移。这种回路当活塞向下快速运动时功率损失大,锁住时活塞和与之相连的工作部件会因单向顺序阀和换向阀的泄漏而缓慢下落,因此它只适用于工作部件重量不大,活塞锁住时定位要求不高的场合。

图 7-11(b)为采用液控顺序阀的平衡回路。当活塞下行时,控制压力油打开液控顺序阀,背压消失,因而回路效率较高；当停止工作时,液控顺序阀关闭以防止活塞和工作部件

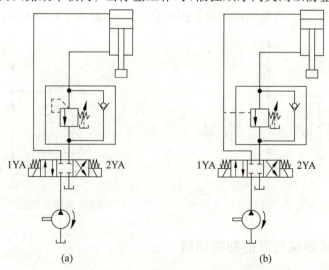

图 7-11　采用顺序阀的平衡回路

因自重而下降。这种平衡回路的优点是只有上腔进油时活塞才下行,比较安全可靠;缺点是活塞下行时平稳性较差。这是因为活塞下行时,液压缸上腔油压降低,将使液控顺序阀关闭。当顺序阀关闭时,因活塞停止下行,使液压缸上腔油压升高,又打开液控顺序阀。因此液控顺序阀始终工作于启闭的过渡状态,因而影响工作的平稳性。这种回路适用于运动部件重量不太大、停留时间较短的液压系统中。

7.2.5 卸压回路

卸压回路的功用是使执行元件高压腔中的压力得以缓慢地释放,以免泄压过快引起剧烈的冲击和振动。一般液压缸直径大于 25cm,油的容量较大且压力高于 7MPa 时,必须卸压后换向,以减少换向时的剧烈冲击。

1. 用节流阀的卸压回路

图 7-12 所示为使用节流阀卸压的回路。当 1YA 通电时,活塞向下运动;当活塞向下运动的工作行程结束后,1YA 断电、2YA 通电,换向阀 1 切换至右位,液压缸 4 上腔的油经节流阀 2、换向阀 1 右位回油箱而卸压。卸压过程中,因卸荷阀 3 被液压缸上腔的压力油作用而打开,故泵输出的油经卸荷阀 3 而卸荷,活塞不能回程。当液压缸上腔的压力降至低于卸荷阀 3 的调定压力时,卸荷阀 3 关闭,液压缸 4 下腔的压力开始升高,并打开液控单向阀 5 使活塞上升。卸压的速度由单向节流阀 2 中的节流阀来调节。当活塞上升到行程终点时,行程开关使 2YA 断电,换向阀 1 切至中位,活塞停止运动。

2. 用溢流阀的卸压回路

图 7-13 所示为使用溢流阀卸压的回路。当活塞下行到工作行程结束时,换向阀 1 切换至中位,溢流阀 4 的远程控制口通过节流阀 3、单向阀 2 回油箱。节流阀 3 的开口就可调整溢流阀 4 的开启速度,也就调节了液压缸上腔的卸压速度。溢流阀 4 同时也起安全作用。

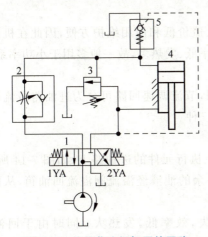

图 7-12 使用节流阀卸压的回路

1—换向阀;2—节流阀;3—卸荷阀;
4—液压缸;5—单向阀

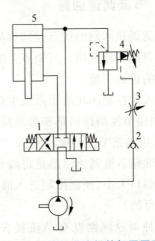

图 7-13 使用溢流阀的卸压回路

1—换向阀;2—单向阀;3—节流阀;
4—溢流阀;5—液压缸

7.3 速度控制回路

速度控制回路是对液压系统中执行元件的运动速度和速度切换实现控制的回路。这类回路包括调速回路、快速运动回路和速度换接回路。

7.3.1 调速回路

调速回路的功用是调定执行元件的工作速度。在不考虑油液的可压缩性和泄漏的情况下,执行元件的速度表达式如下。

液压缸: $$v = \frac{q}{A} \tag{7-1}$$

液压马达: $$n = \frac{q}{V} \tag{7-2}$$

由式(7-1)和式(7-2)可知,改变输入执行元件的流量、液压缸的有效工作面积或液压马达的排量均可以达到调速的目的,但改变液压缸的有效工作面积往往会受到负载等其他因素的制约,改变排量对于变量液压马达容易实现,但对定量马达则不易实现,而使用最普遍的方法是通过改变输入执行元件的流量来达到调速的目的。目前,液压系统中常用的调速方法有以下三种。

(1) 节流调速:用定量泵供油,由流量控制阀调节进入或流出执行元件的流量来调节速度。

(2) 容积调速:通过改变变量泵或变量马达的排量来调节速度。

(3) 容积节流调速:用能够自动改变流量的变量泵与流量控制阀联合来调节速度。

1. 节流调速回路

节流调速回路的优点是结构简单、工作可靠、造价低和使用维护方便,因此在机床液压系统中得到广泛应用。其缺点是能量损失大、效率低、发热多,故一般多用于小功率系统中,如机床的进给系统。

按流量控制阀在液压系统中设置位置的不同,节流调速回路可分为进油路节流调速回路、回油路节流调速回路和旁油路节流调速回路三种。

1) 进油路节流调速回路

进油路节流调速回路是将流量控制阀设置在执行元件的进油路上,如图7-14所示,调节节流阀口大小,便能控制进入液压缸的流量,多余的油液经溢流阀溢流回油箱,从而达到调速的目的。

这种调速回路既有节流损失,又有溢流损失,效率低,发热大;同时由于回油腔没有背压力,当负载突然变小、为零或负值时,活塞会产生突然前冲,运动平稳性差,因此节流阀进油节流调速回路适用于低速、轻载、负载变化不大和对速度稳定性要求不高的场合。

2) 回油路节流调速回路

回油路节流调速回路是将节流阀设置在执行元件的回油路上,如图 7-15 所示。通过节流阀调节液压缸的回油流量,从而控制进入液压缸的流量,因此同进油路节流调速回路一样可达到调速目的。

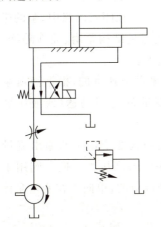

图 7-14 进油路节流调速回路

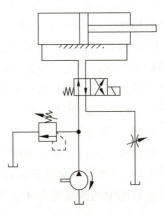

图 7-15 回油路节流调速回路

回油路节流调速回路也具备前述进油路节流调速回路的特点,但这两种调速回路因液压缸的回油腔压力存在差异,因此它们之间也存在不同之处。

(1) 在回油路节流调速回路中,由于液压缸的回油腔中存在背压,故其运动平稳性较好;而在进油路节流调速回路中,液压缸的回油腔中则无此背压,因此其运动平稳性较差,若增加背压阀,则运动平稳性也可以得到提高。

(2) 对于回油路节流调速回路,在停车后,液压缸回油箱中的油液会由于泄漏而形成空隙,再次启动时,液压泵输出的流量将不受流量控制阀的限制而全部进入液压缸,使活塞出现较大的启动超速前冲;而对于进油路节流调速回路,因进入液压缸的流量总是受到节流阀的限制,故启动冲击小。

(3) 在回油路节流调速回路中,经过节流阀发热后的油液能够直接流回油箱并得以冷却,对液压缸泄漏的影响较小;而在进油路节流调速回路中,通过节流阀发热后的油液直接进入液压缸,会引起泄漏的增加。

3) 旁油路节流调速回路

旁油路节流调速回路是将节流阀设置在液压缸并联的支路上,如图 7-16 所示。用节流阀来调节流回油箱的油液流量,以实现间接控制进入液压缸的流量,从而达到调速的目的。

旁油路节流调速回路中,溢流阀处于常闭状态,起到安全保护的作用,因此回路只有节流损失而无溢流损失;但液压泵的泄漏对活塞运动的速度有较大影响,其速度稳定性比前两种回路都低,故这种调速回路适用于负载变化小和对运动平稳性要求不高的高速大功率场合。

使用节流阀的节流调速回路,其速度稳定性都较差,为了减小和避免运动速度随负载变化而波动,在回路中可用调速阀替代节流阀。

2. 容积调速回路

根据油路的循环方式不同,容积调速回路分为开式回路和闭式回路两种。在开式回路中,泵从油箱吸油,执行元件的回油仍返回油箱。其优点是油液在油箱中便于沉淀杂质、析出气体,并得到良好的冷却,但油箱尺寸较大,污物容易侵入。在闭式回路中,泵的吸油口与执行元件的回油口直接相连,油液在系统内部循环。其优点是结构紧凑、油气隔绝、运动平稳、噪声小,但散热条件差。闭式回路中需设置补油装置。

容积调速是通过改变变量泵或(和)变量马达的排量来调节速度的,根据液压泵与执行元件组合方式的不同,容积调速回路有三种组合形式:变量泵-定量马达(或液压缸)、定量泵-变量马达和变量泵-变量马达。

图 7-17 所示为变量泵-液压缸容积调速回路,它是利用改变变量泵的输出流量来调节速度的。回路中溢流阀 2 作安全阀使用,它可限定液压泵的最高压力。换向阀用来改变活塞的运动方向,活塞运动速度是通过改变泵的输出流量来调节的,单向阀在变量泵停止工作时可以防止系统中的油液流空和空气侵入。

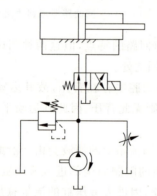

图 7-16 旁油路节流调速回路

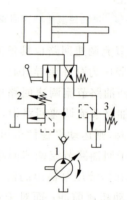

图 7-17 变量泵-液压缸容积调速回路

1—液压泵;2、3—溢流阀

在容积调速回路中,液压泵输出的油液都直接进入执行元件,没有溢流和节流损失,因此效率高、发热小,适用于大功率系统中。但是这种调速回路需要采用结构较复杂的变量泵或变量马达,故造价较高,维修也较困难;同时,由于受泵泄漏的影响,执行元件的运动速度会随负载的增加而下降,速度平稳性较差。

3. 容积节流调速回路

容积调速回路虽然效率高,发热小,但随着负载的增加,容积效率将下降,随之速度发生变化,尤其低速时稳定性更差,因此有些机床进给系统为了减少发热并满足速度稳定性要求,采用容积节流调速回路。

容积节流调速回路的基本工作原理是采用压力补偿式变量泵供油,用调速阀或节流阀调节进入液压缸的流量并使泵的输出流量自动地与液压缸所需流量相适应。

常用的容积节流调速回路有:限压式变量泵与调速阀等组成的容积节流调速回路、变压式变量泵与节流阀等组成的容积调速回路。

图 7-18 所示为限压式变量泵与调速阀组成的调速回路工作原理和工作特性。在图示位置，液压缸 3 的活塞快速向右运动，液压泵 1 按快速运动要求调节其输出流量，同时调节限压式变量泵的压力调节螺钉，使泵的限定压力大于快速运动所需压力。泵输出的压力油经调速阀 2 进入液压缸 3，其回油经背压阀 4 回油箱。调节调速阀 2 的流量 q_1 就可调节活塞的运动速度 v，由于 $q_1 < q_p$，压力油迫使泵的出口与调速阀进口之间的油压升高，即泵的供油压力升高，泵的流量便自动减小到 $q_p \approx q_1$ 为止。

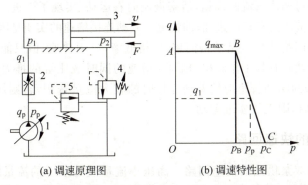

(a) 调速原理图　　　　(b) 调速特性图

图 7-18　限压式容积节流调速回路的工作原理和工作特性
1—液压泵；2—调速阀；3—液压缸；4—背压阀；5—溢流阀

这种回路无溢流损失，其效率比节流调速回路高。采用流量阀调节进入液压缸的流量，克服了变量泵负载大、压力高时漏油量大、运动速度不平稳的缺点，因此这种调速回路常用于空载时需快速、承载时需稳定的低速的各种中等功率机械设备的液压系统，例如组合机床、车床、铣床等的液压系统。

4．调速回路的选用

调速回路的选用主要考虑以下问题。

(1) 执行机构的负载性质、运动速度、速度稳定性等要求：负载小且工作中负载变化也小的系统可采用节流阀节流调速；在工作中负载变化较大，且要求低速稳定性好的系统，宜采用调速阀的节流调速或容积节流调速；负载大、运动速度高、油的温升要求小的系统，宜采用容积调速回路。

一般来说，功率在 3kW 以下的液压系统宜采用节流调速；功率为 3～5kW 时宜采用容积节流调速；功率在 5kW 以上的宜采用容积调速回路。

(2) 工作环境要求：处于温度较高的环境下工作，且要求整个液压装置体积小、重量轻的情况，宜采用闭式回路的容积调速。

(3) 经济性要求：节流调速回路的成本低，功率损失大，效率也低；容积调速回路因变量泵、变量马达的结构较复杂，所以价格高，但其效率高、功率损失小；而容积节流调速则介于两者之间，所以需综合分析选用合适的回路。

7.3.2　快速回路

快速回路又称增速回路，其功能是使执行元件在空行程时获得尽可能大的运动速度，以提高生产率。根据公式 $v=q/A$ 可知,对于液压缸来说,增加进入液压缸的流量就能提高液压缸的运动速度。

1. 差动连接的快速回路

图 7-19 所示为单活塞杆液压缸差动连接的快速回路。三位四通电磁换向阀 3 和二位三通电磁换向阀 5 在左位工作时,液压缸差动连接快速运动;当 3YA 通电时,差动连接即被切断,缸右腔油液需经过调速阀流回油箱,活塞慢速向右运动,实现了工进。三位四通电磁换向阀 3 切换至右位后,液压缸有杆腔进油,即快退。差动连接增速的实质是因为缩小了液压缸的有效工作面积,这种回路的特点是结构简单,价格低廉,应用普遍,但只能实现一个方向的增速,且增速受液压缸两腔有效工作面积的限制,增速的同时液压缸的推力会减小。采用此回路时,要注意此回路的阀和管道应按差动连接时的较大流量选用,否则压力损失过大,使溢流阀在快进时也开启,则无法实现差动。

2. 双泵供油的快速回路

图 7-20 所示为双泵供油的快速回路。高压小流量液压泵 1 的流量按执行元件最大工作进给速度的需要来确定,工作压力的大小由溢流阀 5 调定,低压大流量液压泵 2 主要起增速作用,它和液压泵 1 的流量加在一起应满足执行元件快速运动时所需的流量要求。液控顺序阀 3 的调定压力应比快速运动时最高工作压力高 0.5~0.8MPa,快速运动时,由于负载较小,系统压力较低,则液控顺序阀 3 处于关闭状态,此时液压泵 2 输出的油液经单向阀 4 与液压泵 1 汇合在一起进入执行元件,实现快速运动;若需要工作进给运动时,则系统压力升高,液控顺序阀 3 打开,液压泵 2 卸荷,单向阀 4 关闭,此时仅有液压泵 1 向执行元件供油,实现工作进给运动。这种回路的特点是效率高、功率利用合理,能实现比最大进给速度大得多的快速功能。但回路较复杂,成本较高。常用于执行元件快进和工进速度相差很大的机床进给系统。

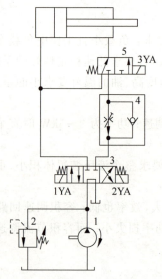

图 7-19 单活塞杆液压缸差动连接的快速回路

1—液压泵;2—溢流阀;3—三位四通电磁换向阀;
4—单向调速阀;5—二位三通电磁换向阀

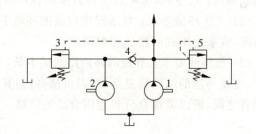

图 7-20 双泵供油的快速回路

1、2—液压泵;3—液控顺序阀;4—单向阀;5—溢流阀

7.3.3 速度换接回路

速度换接回路是使执行元件在实现工作循环的过程中,进行速度切换,且具有较高的速度换接平稳性。

1. 快速-慢速换接回路

图 7-21 所示为一种使用行程阀的快速-慢速换接回路。当电磁换向阀 3 右位和行程阀 4 下位接入回路(图示状态)时,液压缸活塞将快速向右运动,当活塞移动至使挡块压下行程阀 4 时,行程阀关闭,液压油的回油必须通过节流阀 5,活塞的运动切换成慢速状态;当电磁换向阀 3 左位接入回路,液压油经单向阀 6 进入液压缸右腔,活塞快速向左运动。

这种回路的特点是快速-慢速切换比较平稳,切换点准确,但行程阀必须安装在执行元件附近,且不能改变其位置,管道连接较为复杂。

如将图 7-21 中的行程阀改为电磁换向阀,并通过挡块压下电气行程开关来控制电磁换向阀工作,也可实现上述快速-慢速自动切换过程,而且可以灵活地布置电磁换向阀的安装位置,只是切换的平稳性和切换点的准确性要比用行程阀时差。

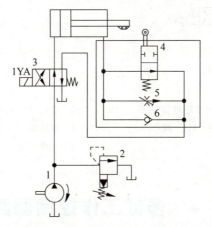

图 7-21 使用行程阀的快速-慢速换接回路
1—液压泵;2—溢流阀;3—电磁换向阀;4—行程阀;5—节流阀;6—单向阀

2. 两种慢速的换接回路

图 7-22 所示为使用串联调速阀的两种慢速换接回路。当电磁铁 1YA、3YA 通电时,液压油经三位四通电磁换向阀 2、调速阀 3 和二位二通电磁换向阀 5 进入液压缸左腔,此时调速阀 4 被短接,活塞运动速度可由调速阀 3 来控制,实现第一种慢速;若电磁铁 1YA、3YA、4YA 通电,则液压油先经调速阀 3,再经调速阀 4 进入液压缸左腔,活塞运动速度由调速阀 4 控制,实现第二种慢速(调速阀 4 的通流面积必须小于调速阀 3);当电磁铁 1YA、3YA 断电,且电磁阀 2YA 通电时,液压油进入液压缸右腔,液压缸左腔油液经二位二通电磁换向阀 6 流回油箱,实现快速退回。这种切换回路因慢速-慢速切换平稳,在机床上应用较多。例如,YT4543 型动力滑台液压系统采用了调速阀串联的二次进给调速方式,启动和速度换接时

的前冲量较小。

图 7-23 所示为使用并联调速阀的两种慢速换接回路。当电磁铁 1YA、3YA 同时通电时,液压油经三位四通电磁换向阀 3 的左位进入调速阀 5 和二位三通电磁换向阀 7 的左位进入液压缸左腔,实现第一种慢速;当电磁铁 1YA、3YA 和 4YA 同时通电时,液压油经调速阀 4 和二位三通电磁铁换向阀 7 的右位进入液压缸左腔,实现第二种慢速。这种切换回路,在调速阀 5 工作时,调速阀 4 的通路被切断,相应调速阀 4 前后两端的压力相等,则调速阀 4 中的定差减压阀口全开,在二位三通电磁换向阀切换瞬间,调速阀 4 前端压力突然下降,在压力减为 0 且阀口还没有关小前,调速阀 4 中节流阀前、后压力差的瞬时值较大,相应瞬时流量也很大,造成瞬时活塞快速前冲现象。同样,当调速阀 5 由断开接入工作状态时,也会出现上述现象。

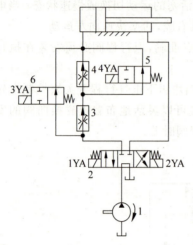 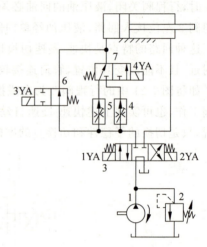

图 7-22　使用串联调速阀的两种慢速换接回路
1—液压泵;2—三位四通电磁换向阀;3、4—调速阀;
5、6—二位二通电磁换向阀

图 7-23　使用并联调速阀的两种慢速换接回路
1—液压泵;2—溢流阀;3—三位四通电磁换向阀;
4、5—调速阀;6、7—二位三通电磁换向阀

7.4　多缸工作控制回路

多缸工作控制回路是由一个液压泵驱动多个液压缸配合工作的回路。这类回路常包括顺序动作回路、同步回路和互不干扰回路等。

7.4.1　顺序动作回路

顺序动作回路的功能是使多个液压缸按照预定顺序依次动作。这种回路常用的控制方式有压力控制和行程控制两类。

1. 压力控制的顺序动作回路

这种回路利用油路本身的油压变化来控制多个液压缸顺序动作。常用压力继电器和顺序阀来控制多个液压缸顺序动作。

图7-24所示为使用顺序阀控制顺序动作回路。液压油经减压阀、单向阀和电磁换向阀的右位后,油路分为两支。由于顺序阀的设定压力高于液压缸 A 的工作压力,液压油先进入液压缸 A 的上腔向下推动活塞运行。定位完成后,系统压力升高,达到顺序阀的设定压力,打开顺序阀,压力油进入液压缸 B 的上腔,推动活塞下行,完成夹紧动作。加工完毕后,电磁阀换向,两液压缸同时返回。

这种回路工作可靠,可以按照要求调整液压缸的动作顺序。顺序阀的调整压力应比先动作的液压缸的最高工作压力高(中压系统须高 0.8MPa),以免在系统压力波动较大时产生误动作。

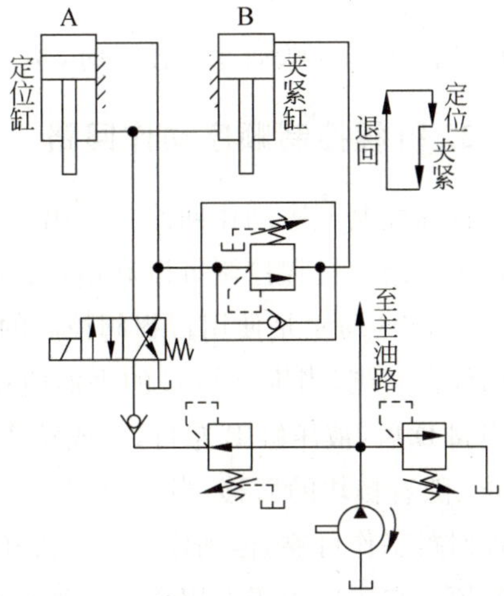

图 7-25 所示为使用压力继电器控制顺序动作回路。压力继电器 1KP 用于控制两液压缸向右运动的先后顺序,压力继电器 2KP 用于控制两液压缸向左运动的先后顺序。当电磁铁 2YA 通电时,换向阀 3 右位接入回路,液压油进入液压缸 1 左腔,并推动活塞向右运动;当液压缸 1 的活塞向右运动到行程终点而碰到死挡铁时,进油路压力升高而使压力继电器 1KP 动作发出电信号,相应电磁铁 4YA 通电,换向阀 4 右位接入回路,液压缸 2 的活塞向右运动;当液压缸 2 的活塞向右运动到行程终点,其挡铁压下相应的电气行程开关而发出电信号时,电磁铁 4YA 断电而 3YA 通电,换向阀 4 换向,液压缸 2 的活塞向左运动;当液压缸 2 的活塞向左运动到终点碰到死挡铁时,进油路压力升高而使压力继电器 2KP 动作发出电信号,相应 2YA 断电而 1YA 通电,换向阀 3 换向,液压缸 1 的活塞向左运动。为了防止压力继电器发出误动作,压力继电器的动作压力应比先动作的液压缸最高工作压力高 0.3~0.5MPa,但应比溢流阀的调定压力低 0.3~0.5MPa。

图 7-24 使用顺序阀控制顺序动作回路

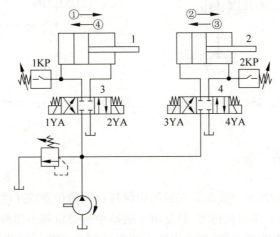

图 7-25 使用压力继电器控制顺序动作回路
1、2—液压缸;3、4—换向阀

这种回路适用于液压缸数目不多、负载变化不大和可靠性要求不太高的场合。当运动部件卡住或压力脉动变化较大时,误动作不可避免。

2. 行程控制顺序动作回路

行程控制顺序动作回路是利用运动部件到达一定位置时会发出信号来控制液压缸顺序动作的回路。行程控制可以利用行程阀和行程开关来实现。

图 7-26 所示是使用行程阀控制的顺序动作回路。在图示的状态下,A、B 两液压缸的活塞均处在右端,当推动阀 C 的手柄使左位工作时,液压缸 A 左行,完成动作①;当挡块压下行程阀 D 后,液压缸 B 左行,完成动作②;手动换向阀 C 复位后,液压缸 A 先复位,实现动作③;随着挡块的后移,当行程阀 D 复位后,液压缸 B 退回实现动作④,顺序动作全部完成。这种回路工作可靠,但动作顺序一经确定,再改变就有一定困难,且管道长,压力损失大,布置麻烦。它主要用于专用机械的液压系统中。

图 7-27 所示为使用行程开关控制的顺序动作回路。当阀 E 通电换向而使液压缸 A 左行完成动作①后,挡块触动行程开关 S_1 时,阀 F 通电换向,液压缸 B 左行完成动作②;当液压缸 B 左行至挡块触动行程开关 S_2 时,阀 E 断电,液压缸 A 退回,完成动作③;当挡块触动行程开关 S_3 时,阀 F 断电,液压缸 B 返回,完成动作④;最后触动 S_4 使泵卸荷或控制其他元件动作,完成一个工作循环。这种顺序动作回路的可靠性取决于电气行程开关和电磁换向阀的质量,变更液压缸的动作行程和顺序都比较方便,且可利用电气互锁保证动作顺序的可靠性。

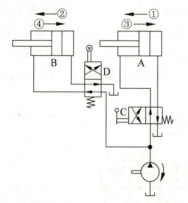
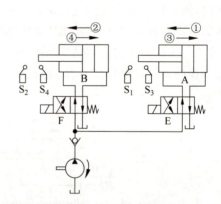

图 7-26　使用行程阀控制的顺序动作回路　　图 7-27　使用行程开关控制的顺序动作回路

7.4.2　同步回路

同步回路的功能是使多个液压缸在运动中保持相同的位置或速度。在一泵多缸的系统中,尽管液压缸的有效工作面积相等,但是由于运动中所受负载不均衡,摩擦阻力也不相等,泄漏量不同以及制造上的误差等,使液压缸不能保持同步动作。同步回路可摆脱这些因素的影响,消除累积误差而保证同步运行。

图 7-28 所示为带补偿装置的串联液压缸同步回路。A 腔和 B 腔面积相等使进、出流量

相等,而补偿措施使同步误差在每一次下行运动中都可消除。在这个回路中,当换向阀 6 左位工作时,两液压缸活塞同时下行,若液压缸 1 的活塞先运动到底,触动行程开关 a 使二位三通电磁换向阀 5 通电,压力油经二位三通电磁换向阀 5 和液控单向阀 3 向液压缸 2 的 B 腔补入,推动活塞继续运动到底,误差即被消除。若液压缸 2 的活塞先到达行程端点,则触动行程开关 b 使二位三通电磁换向阀 4 通电,控制压力油使液控单向阀 3 反向通道打开,液压缸 1 的 A 腔通过液控单向阀 3 和二位三通电磁换向阀 5 与油箱接通而回油,使液压缸 1 的活塞能继续下行到达行程端点而消除位置误差。这种串联液压缸同步回路只适用于负载较小的液压系统。

图 7-29 所示为使用并联液压缸的同步回路。用两个调速阀分别串联在两个液压缸的回油路(进油路)上,再并联起来,用于调节两缸运动速度,即可实现同步。这也是一种常用的比较简单的同步方法,但因为两个调速阀的性能不可能完全一致,同时还受到载荷的变化和泄漏的影响,同步精度较低。

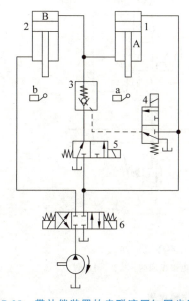

图 7-28 带补偿装置的串联液压缸同步回路
1、2—液压缸;3—液控单向阀;4、5—二位三通电磁换向阀;
6—换向阀;a、b—行程开关

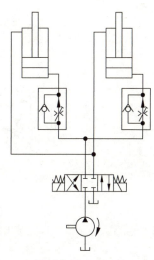

图 7-29 使用并联液压缸的同步回路

7.4.3 互不干扰回路

互不干扰回路的功能是使几个液压缸在完成各自的循环动作过程中彼此互不影响。在多缸液压系统中,往往由于其中一个液压缸快速运动,而造成系统压力下降,影响其他液压缸慢速运动的稳定性。因此,对于慢速要求比较稳定的多缸液压系统,需采用互不干扰回路,使各自液压缸的工作压力互不影响。

图 7-30 所示为多缸快慢速互不干扰回路。图中两个液压缸分别要完成快进、工进和快退的自动循环。回路采用双泵供油,高压小流量液压泵 1 提供各缸工进时所需的液压油,低压大流量液压泵 2 为各缸快进或快退时输送低压油,它们由溢流阀调定供油压力。磁铁动

作顺序如表 7-1 所示。当电磁铁 4YA(或 3YA)通电时,液压缸 A(或 B)左右两腔由二位五通电磁换向阀 7、6(或 4、5)连通,由液压泵 2 供油来实现差动快进过程,此时液压泵 1 的供油路被二位五通电磁换向阀 7(或 4)切断。设液压缸 A 先完成快进,由行程开关使电磁铁 2YA 通电,4YA 断电,此时泵 2 对液压缸 A 的进油路切断,而液压泵 1 的进油路打开,液压缸 A 由调速阀 8 调速实现工进,液压缸 B 仍做快进,互不影响。当各缸都转为工进后,它们全由液压泵 1 供油。此后,若液压缸 A 又率先完成工进,行程开关应使二位五通电磁换向阀 7 和二位五通电磁换向阀 6 的电磁铁都通电,液压缸 A 由液压泵 2 供油快退。

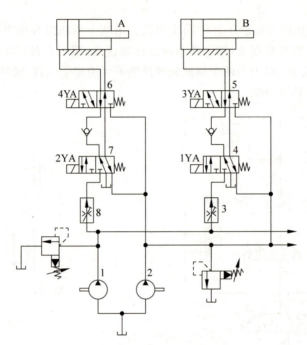

图 7-30 多缸快慢速互不干扰回路

1、2—液压泵;4、5、6、7—二位五通电磁换向阀;3、8—调速阀

表 7-1 磁铁动作顺序表

电磁铁	1YA	2YA	3YA	4YA	供油泵
快进	−	−	+	+	泵 2
工进	+	+	−	−	泵 1
快退	+	+	+	+	泵 2

实训项目:继电器控制的液压回路

实训目的

进一步熟悉换向回路、速度换接回路等液压基本回路的工作原理、组成和分析方法,加强学生的动手能力。

实训设备

液压实验台。

实训内容

在教师的指导下,在实验台上组建各种基本回路。

(1) 换向回路如图 7-31 所示,其中图 7-31(a)为手动控制换向回路,图 7-31(b)为电磁动控制换向回路。

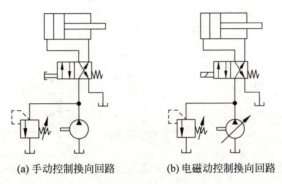

(a) 手动控制换向回路　　(b) 电磁动控制换向回路

图 7-31　液压换向回路

(2) 调速回路如图 7-32 所示。

(3) 多缸顺序动作回路如图 7-33 所示。

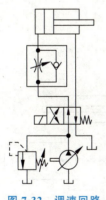

图 7-32　调速回路

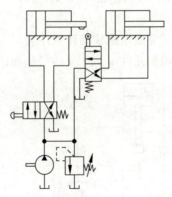

图 7-33　多缸顺序动作回路

实验步骤

(1) 依照液压回路图选择液压元件,并检查性能是否完好。
(2) 在看懂实验原理图的情况下,连接液压回路。
(3) 确认安装和连接正确后,系统运行,实现预定动作。
(4) 实验完毕后,关闭泵,切断电源,拆卸回路,清理元器件并放回规定的位置。

复习与思考

1. 图 7-34 所示回路中，若溢流阀的调整压力分别为 $p_A=3\text{MPa}, p_B=2\text{MPa}, p_C=4\text{MPa}$。泵出口处的负载阻力为无限大，试问在不计管道损失和调压偏差时，该系统的压力 p 为多少？改变溢流阀的顺序，压力有什么变化？在不增加元件的情况下，如何使 $p=5\text{MPa}$？

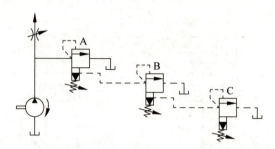

图 7-34　题 1 图

2. 图 7-35 所示液压机液压回路图。设锤头及活塞的总重力 $G=3\text{kN}$，油缸无杆腔面积 $A_1=300\text{mm}^2$，油缸有杆腔面积 $A_2=200\text{mm}^2$，阀 5 的调定压力 $p=30\text{MPa}$，试回答下列问题：

（1）写出元件 3、4、5 的名称。

（2）当 1YA、2YA 两电磁铁分别通电动作时，压力表 7 的读数各为多少？

3. 图 7-36 所示液压系统，实现"快进→工进→快退→停止"的工作循环，试回答下列问题：

（1）试完成电磁铁动作顺序表。

（2）说明元件 1、2、8、9 的名称和作用。

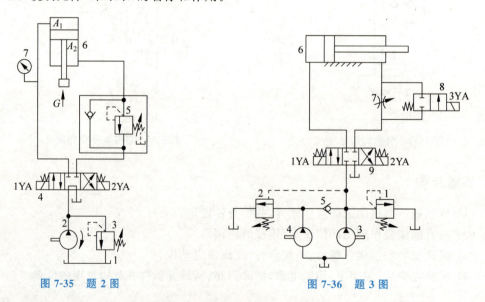

图 7-35　题 2 图　　　　　　图 7-36　题 3 图

4. 图 7-37 中的液压元件，用管路连接，组成能实现"快进→工进→快退→停止"工作循环的液压系统。

5. 图 7-38 中的液压元件，用管路连接，组成能实现"快进→工进→快退→停止卸荷"工作循环的液压系统。

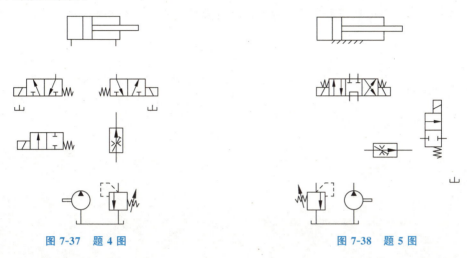

图 7-37　题 4 图　　　　　　　　　图 7-38　题 5 图

世界重装之王：8 万吨级模锻液压机

我国首台 4 万吨级航空模锻液压机于 2012 年 3 月 31 日在西安阎良国家航空高新技术产业基地热试成功，并顺利锻造出首个大型盘类件产品，解决了我国在大型钛合金整体框、梁和大型涡轮盘等精密模锻件的设计与制造问题，是我国拥有完全自主知识产权的产品，设备总体性能达到了世界先进水平，是中国大飞机项目的重要基础装备。

项目的建成和投产可提升中国航空航天装备制造业的设计和制造能力，解决大型钛合金整体框、梁和大型涡轮盘等难变形精密模锻件的设计与制造问题，保障大飞机项目的研制。同时，该设备可广泛服务于航天、船舶、石化、电力、兵器、核电等领域。

2012 年 4 月 1 日，中国二重独立自主设计、制造、安装的世界最大的 8 万吨级模锻液压机（图 7-39）热负荷试车一次成功。这台 8 万吨级模锻液压机，地上高 27m、地下 15m，总高 42m，设备总重 2.2 万吨，是中国国产大飞机 C919 试飞成功的重要功臣之一。

图 7-39　8 万吨级模锻液压机

巨型模锻液压机是象征重工业实力的国宝级战略装备,是衡量一个国家工业实力和军工能力的重要标志,世界上能研制的国家屈指可数。目前,世界上拥有4万吨级以上模锻液压机的国家,只有中国、美国、俄罗斯和法国。

中国的这台8万吨级模锻液压机的诞生标志着中国关键大型锻件受制于外国的时代彻底结束。

第 8 章

典型液压系统

第 8 章微课视频

液压系统是将液压动力元件、控制元件、执行元件和其他辅助元件通过管路连接起来以实现主机各种作业要求的完整系统。本章介绍几种典型的液压系统,通过对它们的分析,可以帮助大家了解典型液压系统的基本组成和工作原理,以加深对各种液压元件和基本回路的理解。

对液压系统进行分析,需要按照一定的方法和步骤,做到循序渐进、分块进行、逐步完成。阅读一个复杂的液压系统,大致可以按以下几个步骤进行。

(1) 了解液压设备的功用、性能特点、设备对液压系统的工作要求以及液压设备的工作循环。

(2) 根据设备对液压系统执行元件动作循环的具体要求,从液压泵到执行元件和从执行元件到液压泵双向同时进行,按油路的走向初步阅读液压系统原理图,寻找它们的连接关系,以执行元件为中心将系统分解成若干子系统,读图时要按照先读控制油路后读主油路的顺序进行。

(3) 逐步分析各个子系统,了解系统中基本回路的组成情况和各个元件的功用,以及各元件之间的相互关系。参照电磁铁动作顺序表,搞清楚各个行程的动作原理和油路的流动路线。

(4) 根据设备各执行元件间的互锁、同步、顺序动作和防干扰等要求,分析各个子系统之间的联系以及如何实现这些要求,全面读懂液压系统原理图。

(5) 根据系统所使用的基本回路的性能,对系统做出综合分析,归纳总结出系统的特点,以加深对系统的了解,为液压系统的调整、使用和维护打下基础。

8.1 YT4543 型动力滑台液压系统

8.1.1 概述

组合机床是一种由通用部件和部分专用部件组合而成的高效、工序集中的专用机床,具有加工能力强、自动化程度高、经济性能好等优点。动力滑台是组合机床上实现进给运动的一种通用部件,配上动力头和主轴箱可以完成钻、扩、铰、镗、攻丝等工序,能加工孔和端面,被广泛应用于大批量生产的流水线。图 8-1 所示为组合机床液压动力滑台的组成。

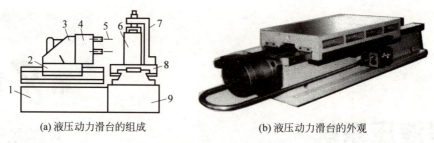

(a) 液压动力滑台的组成　　　　(b) 液压动力滑台的外观

图 8-1　组合机床液压动力滑台

1—床身；2—动力滑台；3—动力头；4—主轴箱；5—刀具；6—工件；7—夹具；8—工作台；9—底座

图 8-2 所示为 YT4543 型动力滑台的液压系统图。YT4543 型动力滑台要求进给速度范围为 6.6～660mm/min，最大移动速度为 7.3m/min，最大进给力为 45kN。

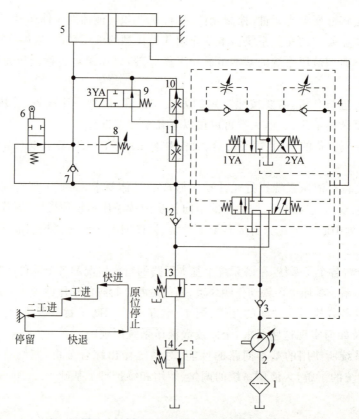

图 8-2　YT4543 型动力滑台的液压系统

1—滤油器；2—变量叶片泵；3、7、12—单向阀；4—电液换向阀；5—液压缸；6—行程阀；
8—压力继电器；9—二位二通电磁换向阀；10、11—调速阀；13—液控顺序阀；14—背压阀

该液压系统的动力元件和执行元件为限压式变量泵和单杆活塞式液压缸，系统中有换向回路、调速回路、快速运动回路、速度换接回路、卸荷回路等基本回路。回路的换向由电液换向阀完成，同时其中位机能具有卸荷功能，快速进给由液压缸的差动连接来实现，用限压式变量泵和串联调速阀实现二次进给速度的调节，用行程阀和电磁阀实现速度的换接，为了保证进给的尺寸精度，采用了止位钉停留来限位。

该系统能够实现的自动工作循环为：快进→第一次工进→第二次工进→止位钉停留→快退→原位停止，该系统中电磁铁和行程阀的动作顺序如表 8-1 所示。

表 8-1 YT4543 型动力滑台液压系统电磁铁和行程阀的动作顺序表

工作循环	信 号 来 源	电 磁 铁			行程阀
		1YA	2YA	3YA	
快进	启动按钮	＋	－	－	－
一工进	挡块压下行程阀	＋	－	－	＋
二工进	挡块压下行程开关	＋	－	＋	＋
止位钉停留	止位钉、压力继电器	＋	－	＋	＋
快退	时间继电器	－	＋	－	＋/－
原位停止	挡块压下终点行程开关	－	－	－	－

8.1.2　YT4543 型动力滑台液压系统的工作原理

1. 快进

按下启动按钮，电液换向阀 4 的电磁铁 1YA 通电，使电液换向阀 4 的先导阀左位工作，控制油液经先导阀左位经单向阀进入主电液换向阀的左端使其左位接入系统，变量叶片泵 2 输出的油液经主液动换向阀左位进入液压缸 5 的左腔(无杆腔)，因为此时为空载，系统压力不高，液控顺序阀 13 仍处于关闭状态，故液压缸右腔(有杆腔)排出的油液经主电液换向阀左位也进入了液压缸的无杆腔。这时液压缸 5 为差动连接，限压式变量泵输出流量最大，动力滑台实现快进。

进油路：滤油器 1→变量叶片泵 2→单向阀 3→电液换向阀 4 的主阀的左位→行程阀 6 下位→液压缸 5 左腔。

回油路：液压缸 5 右腔→电液换向阀 4 的主阀的左位→单向阀 12→行程阀 6 下位→液压缸 5 左腔。

2. 第一次工进

当快进完成时，滑台上的挡块压下行程阀 6，行程阀上位工作，阀口关闭，这时电液换向阀 4 仍工作在左位，泵输出的油液通过电液换向阀 4 后只能经调速阀 11 和二位二通电磁换向阀 9 右位进入液压缸 5 的左腔。由于油液经过调速阀而使系统压力升高，于是将液控顺序阀 13 打开，并关闭单向阀 12，液压缸差动连接的油路被切断，液压缸 5 右腔的油液只能经液控顺序阀 13、背压阀 14 流回油箱，这样就使滑台由快进转换为第一次工进。由于工作进给时液压系统油路压力升高，所以限压式变量泵的流量自动减小，滑台实现第一次工进，工进速度由调速阀 11 调节。此时控制油路不变，其主油路如下。

进油路：滤油器 1→变量叶片泵 2→单向阀 3→电液换向阀 4 的主阀的左位→调速阀 11→二位二通电磁换向阀 9 右位→液压缸 5 左腔。

回油路：液压缸 5 右腔→电液换向阀 4 的主阀的左位→液控顺序阀 13→背压阀 14→油箱。

3. 第二次工进

第二次工进时的控制油路和主油路的回油路与第一次工进时的基本相同，不同之处是当第一次工进结束时,滑台上的挡块压下行程开关,发出电信号使二位二通电磁换向阀 9 的电磁铁 3YA 通电,二位二通电磁换向阀 9 左位接入系统,切断了该阀所在的油路,经调速阀 11 的油液必须通过调速阀 10 进入液压缸 5 的左腔。此时液控顺序阀 13 仍开启。由于调速阀 10 的阀口开口量小于调速阀 11,系统压力进一步升高,限压式变量泵的流量进一步减小,使得进给速度降低,滑台实现第二次工进。工进速度可由调速阀 10 调节。其主油路如下。

进油路:滤油器 1→变量叶片泵 2→单向阀 3→电液换向阀 4 的主阀的左位→调速阀 11→调速阀 10→液压缸 5 左腔。

回油路:液压缸 5 右腔→电液换向阀 4 的主阀的左位→液控顺序阀 13→背压阀 14→油箱。

4. 止位钉停留

当滑台完成第二次工进时,动力滑台与止位钉相碰撞,液压缸停止不动。这时液压系统压力进一步升高,当达到压力继电器 8 的调定压力后,压力继电器动作,发出电信号传给时间继电器,由时间继电器延时控制滑台停留时间。在时间继电器延时结束之前,动力滑台将停留在止位钉限定的位置上,且停留期间液压系统的工作状态不变。设置止位钉的作用是可以提高动力滑台行程的位置精度。这时的油路同第二次工进的油路,但实际上液压系统内的油液已停止流动,液压泵的流量已减至很小,仅用于补充泄漏油。

5. 快退

动力滑台停留时间结束后,时间继电器发出电信号,使电磁铁 2YA 通电,1YA、3YA 断电。这时电液换向阀 4 的先导阀右位接入系统,电液换向阀 4 的主阀也换为右位工作,主油路换向。因滑台返回时为空载,液压系统压力低,变量泵的流量又自动恢复到最大值,故滑台快速退回,其油路如下。

进油路:滤油器 1→变量叶片泵 2→单向阀 3→电液换向阀 4 的主阀的右位→液压缸 5 右腔。

回油路:液压缸 5 左腔→单向阀 7→电液换向阀 4 的主阀的右位→油箱。

6. 原位停止

当动力滑台快退到原始位置时,挡块压下行程开关,使电磁铁 2YA 断电,这时电磁铁 1YA、2YA、3YA 都失电,电液换向阀 4 的先导阀及主阀都处于中位,液压缸 5 的两腔被封闭,动力滑台停止运动,滑台锁紧在起始位置上。变量叶片泵 2 通过电液换向阀 4 的中位卸荷,其油路如下。

卸荷油路:滤油器 1→变量叶片泵 2→单向阀 3→电液换向阀 4 的先导阀的中位→油箱。

8.1.3 YT4543 型动力滑台液压系统的特点

通过对 YT4543 型动力滑台液压系统的分析,可知该系统具有如下特点。

(1) 该系统采用了由限压式变量泵和调速阀组成的进油路容积节流调速回路,这种回路能够使动力滑台得到稳定的低速运动、较好的速度刚性和较大的调速范围,而且由于系统无溢流损失,系统效率较高。另外,回路中设置了背压阀,可以改善动力滑台运动的平稳性,并能使滑台承受一定的负值负载。

(2) 该系统采用了限压式变量泵和液压缸的差动连接回路实现快速运动,使能量的利用比较经济合理。动力滑台停止运动时,采用单向阀和 M 形中位机能换向阀串联使液压泵在低压下卸荷,减少了能量损失。

(3) 系统采用行程阀和液控顺序阀实现快进与工进的速度换接,动作可靠,速度换接平稳。同时调速阀可起到加载的作用,可在刀具与工件接触之前就能可靠地转入工作进给,因此不会引起刀具和工件的突然碰撞。

(4) 在行程终点采用止位钉停留,提高了进给时的位置精度。

(5) 由于采用了调速阀串联的二次进给调速方式,可使启动和速度换接时的前冲量较小,便于利用压力继电器发出信号进行控制。

8.2 数控车床液压系统

8.2.1 概述

数控车床主要用于轴类和盘类零件的加工,能自动完成外圆柱面、锥面、螺纹等工序的切削加工,并能进行切槽、钻、扩、铰孔等工艺,特别适用于复杂形状零件的加工。目前,在数控车床上,大多都应用了液压传动技术。下面介绍 MJ-50 型数控车床的液压系统,图 8-3 所示为该系统的原理示意图。

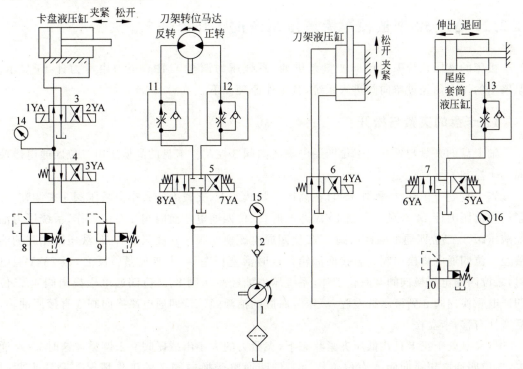

图 8-3 MJ-50 型数控车床的液压系统原理示意图

1—单向变量液压泵;2—单向阀;3、4、6—二位四通电磁换向阀;5、7—三位四通电磁换向阀;8、9、10—减压阀;11、12、13—单向调速阀;14、15、16—压力计

机床中有液压系统实现的动作有：车床卡盘的夹紧和松开、卡盘夹紧力的高低压转换、回转刀架的松开与夹紧、刀架刀盘的正/反转、尾座套筒的伸出与退回。液压系统中各电磁阀的电磁铁动作是由数控系统的 PLC 控制实现，各电磁铁动作如表 8-2 所示。

表 8-2　电磁铁动作表

动　作			1YA	2YA	3YA	4YA	5YA	6YA	7YA	8YA
卡盘正卡	高压	夹紧	＋	－	－					
		松开	－	＋	－					
	低压	夹紧	＋	－	＋					
		松开	－	＋	＋					
卡盘反卡	高压	夹紧	－	＋	－					
		松开	＋	－	－					
	低压	夹紧	－	＋	＋					
		松开	＋	－	＋					
刀架	正转								－	＋
	反转								＋	－
	夹紧					＋				
	松开					－				
尾座	套筒伸出						－	＋		
	套筒退出						＋	－		

8.2.2　MJ-50 型数控车床液压系统的工作原理

机床的液压系统采用单向变量泵供油，系统压力调至 4MPa，压力由压力计 15 显示。泵输出的压力油经过单向阀进入系统，其工作原理如下。

1. 卡盘的夹紧与松开

轴卡盘的夹紧与松开由二位四通电磁换向阀 3 控制。卡盘的高低压由二位四通电磁换向阀 4 控制。

当卡盘处于正卡（或称外卡）且在高压夹紧状态下，夹紧力的大小由减压阀 8 来调整，夹紧压力由压力计 14 来显示。当 1YA 通电时，二位四通电磁换向阀 3 左位工作，系统压力油经减压阀 8、二位四通电磁换向阀 4、二位四通电磁换向阀 3 到液压缸右腔，液压缸左腔的油液经二位四通电磁换向阀 3 直接回油箱。这时活塞杆左移，卡盘夹紧。反之，当 2YA 通电时，二位四通电磁换向阀 3 右位工作，系统压力油经减压阀 8、二位四通电磁换向阀 4、二位四通电磁换向阀 3 到液压缸左腔，液压缸右腔的油液经二位四通电磁换向阀 3 直接回油箱，活塞杆右移，卡盘松开。

当卡盘处于正卡且在低压夹紧状态下，夹紧力的大小由减压阀 9 来调整。这时 3YA 通电，二位四通电磁换向阀 4 右位工作。二位四通电磁换向阀 3 的工作情况与高压夹紧时相同。

卡盘反卡（或称内卡）时的工作情况与正卡相似，这里不再赘述。

2. 回转刀架的回转

回转刀架换刀时,首先是刀架松开,然后刀架转位到指定的位置,最后刀架复位夹紧。刀盘的夹紧与松开由二位四通电磁换向阀 6 控制,刀架的转位由三位四通电磁换向阀 5 控制。

刀架正转时,4YA 通电时,二位四通电磁换向阀 6 右位,刀架松开。当 8YA 通电时,液压马达带动刀架正转,转速由单向调速阀 11 控制。若 7YA 通电,则液压马达带动刀架反转,转速由单向调速阀 12 控制。当 4YA 断电时,二位四通电磁换向阀 6 左位工作,液压缸使刀架夹紧。

3. 尾座套筒的伸缩运动

当 6YA 通电时,三位四通电磁换向阀 7 左位工作,系统压力油经减压阀 10、三位四通电磁换向阀 7 到尾座套筒液压缸的左位,液压缸右腔油液经单向调速阀 13、三位四通电磁换向阀 7 回油箱,缸筒带动尾座套筒伸出,伸出时的预紧力大小通过压力计 16 显示。反之,当 5YA 通电时,三位四通电磁换向阀 7 右位工作,系统压力油经减压阀 10、三位四通电磁换向阀 7、单向调速阀 13 到液压缸右腔,液压缸左腔的油液经三位四通电磁换向阀 7 流回油箱,套筒退回。

8.2.3 MJ-50 型数控车床液压系统的特点

(1) 采用单向变量液压泵向系统供油,能量损失小。

(2) 用换向阀控制卡盘,实现高压和低压夹紧的转换,并且可分别调节高压夹紧或低压夹紧压力的大小。这样可根据工作情况调节夹紧力,操作方便简单。

(3) 用液压马达实现刀架的转位,可实现无级调速,并能控制刀架正、反转。

(4) 用换向阀控制尾座套筒液压缸的换向,以实现套筒的伸出或缩回,并能调节尾座套筒伸出工作时的预紧力大小,以适应不同工作的需要。

(5) 压力计 14、15、16 可分别显示系统相应处的压力,以便于故障诊断和调试。

8.3 液压系统的安装与调试

8.3.1 液压阀的连接

液压阀的安装连接形式与液压系统的结构形式和元件的配置形式有关。液压系统的结构形式有集中式和分散式两种。对于固定式的液压设备,常将液压系统的动力元件、控制元件集中安装在主机外的液压站上,这样使安装与维护方便,消除了动力元件振动和油温变化对主机精度的影响。分散式结构是将液压元件分散放置在主机的某些部位,和主机合为一体。其优点是结构紧凑、占地面积小、管路短;缺点是安装连接复杂,动力元件的振动和油温的变化都会对主机的精度产生影响。

液压阀的配置形式分为管式、板式和集成式配置三种。液压阀的配置形式不同,系统的压力损失和元件的连接安装结构也有所不同。目前,阀类元件广泛采用集成式配置形式,具体有下列三种形式。

1. 油路板式

油路板又称阀板。它是一块较厚的液压元件安装板,板式阀类元件用螺钉安装在板的正面,管接头安装在板的后面或侧面,各元件之间的油路由板内的加工孔道形成,如图 8-4 所示。这种配置形式的优点是结构紧凑,管路短,调节方便,不易出故障;缺点是加工较困难。

2. 集成块式

集成块是一块通用的六面体,四周除一面安装通向执行元件的管接头外,其余三面均可安装阀类元件。块内有钻孔形成的油路,一般是常用的典型回路。一个液压系统通常由几个集成块组成,块的上、下面是块与块之间的结合面,各集成块与顶盖、底板一起用长螺栓叠装起来,组成整个液压系统,如图 8-5 所示。总进油口和回油口开在底板上,通过集成块的公共孔道直接通顶盖。这种配置形式的优点是结构紧凑,管路少,已标准化,便于设计与制造,更改设计方便,通用性好,油路压力损失小。

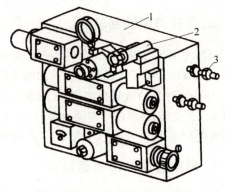

图 8-4 油路板式配置

1—油路板;2—阀体;3—管接头

3. 叠加阀式

叠加阀式配置不需要另外的连接块,只需用长螺栓直接将各叠加阀组装在底板上,即可组成所需要的液压系统,如图 8-6 所示。这种配置形式的优点是结构紧凑、管路少、体积小、质量轻,不需专用的连接块。

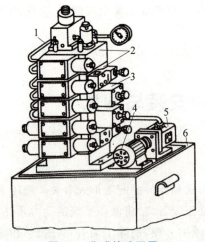

图 8-5 集成块式配置

1—油管;2—集成块;3—阀;4—电动机;5—液压泵;6—油箱

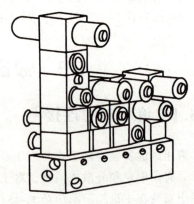

图 8-6 叠加阀式配置

8.3.2 液压系统的安装

液压系统由各液压元件经管道、管接头和油路等有机地连接而成。液压系统安装的正确与否,对其工作性能有着重要的影响。

1. 安装前的准备和要求

(1) 技术资料的准备。液压系统的安装应遵照液压系统工作原理图、系统管道连接图和有关液压元件说明书等技术资料,安装前应对上述资料仔细分析,熟悉其内容与要求。

(2) 物质准备。按液压系统图、液压元件清单准备所需元件、辅件,并检查元件质量,对于仪表,必要时应检验。

2. 液压元件的安装与要求

(1) 安装各种泵、阀时,必须注意各油口的位置,不能接错,各油口要紧闭,密封可靠,不得漏气或漏油。

(2) 液压泵轴与电动机轴的同轴度偏差不应大于 0.1mm,两轴中心线的倾角不应大于 1°。

(3) 液压缸的安装应符合活塞(柱塞)的轴线与运动部件导轨面平行度的要求。

(4) 方向控制阀一般应水平安装,蓄能器应保持轴线垂直安装。

(5) 需要调整的阀类,如流量阀等,通常按顺时针方向旋转增加流量,反方向则减少。

3. 管道的安装与要求

液压管道安装一般在所连接的设备及液压元件安装完毕后进行,在管道正式安装前要进行配管试装。试装合适后,按编号将其拆下,以管道最高工作压力的 1.5~2 倍进行耐压试验。试压合格后,经酸洗后转入正式安装。

(1) 管道的布置要整齐,长度应尽量短,尽量少转弯。同时应便于拆装、检修、不妨碍生产人员行走。

(2) 泵的吸油高度一般不大于 0.5m,在吸油管口处应设置过滤器,并有足够的通流能力,吸油口和泵吸油口连接处应涂密封胶,提高吸油管的密封性。

(3) 回油管应插入油面以下足够的深度,以防飞溅形成气泡。

(4) 吸油管与回油管不能离得太近,以免将温度较高的油液吸入系统。

(5) 管道弯曲加工时,允许圆度为 10%,弯管半径一般应大于管道外径的 3 倍。

8.3.3 液压系统的清洗

新(或修理后)的液压设备,在液压系统安装完毕后,调试前必须对管道进行严格的清洗,以除去液压系统内部的灰尘、金属粉末、锈片、涂料等杂质。

1. 第一次清洗

先清洗油箱并用绸布擦净,然后注入油箱容量 60%~70% 的 L-HL32 油,再按图 8-7 所示的方法将溢流阀及其他阀的排油口在阀进口处临时切断,将液压缸两端的油管直接连通,使换向阀处于某换向位

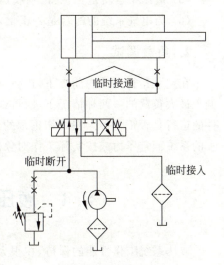

图 8-7 液压系统的清洗

置，在主回油管临时接入一过滤器。启动液压泵，并通过加热装置将油液加热到 50～80℃进行清洗，清洗初期，用 80～100 目网式过滤器。当达到预定清洗时间的 60％时，换用 150 目过滤器。为提高清洗的质量，换向阀可做一次换向，液压泵可做间歇运转，并在清洗过程中轻轻敲击油管。清洗时间视系统复杂、污染程度和所需过滤比而定，一般为十几小时。清洗结束后，应将系统中的油液全部排出，然后再次清洗油箱并用绸布擦净。

2．第二次清洗

第二次清洗是对整个液压系统进行清洗。清洗前按正式油路接好，然后向油箱加入工作油液，再启动液压泵对系统进行清洗。清洗时间一般为 1～3h。清洗结束时过滤器上应无杂质。这次清洗后的油液可继续使用。

8.3.4　液压系统的调试

为了确保设备安全正常运行，满足生产工艺所提出的各项要求，新设备或修理后的设备，在投入使用前，必须进行设备的运转调试。液压系统的调试和试车一般不能截然分开，往往是试中有调，调中有试，调试分为空载调试和负载调试。

1．空载调试

进行空载调试时，应全面检查液压系统的各个回路和液压元件、辅助元件的工作是否正常可靠。工作循环或各种动作换接是否符合要求。

（1）检查各个液压元件及管道连接是否正确、可靠。
（2）油箱、电动机及各个液压部件的防护装置是否完好。
（3）油箱中液面高度及所用液压油是否符合要求。
（4）系统中各液压部件、油管及管接头的位置是否便于安装、调节、检修。压力表等仪表是否安装在便于观察的位置，确认安装合理。
（5）液压泵运转是否正常，系统运转一段时间后，油液的温升是否符合要求。
（6）与电气系统的配合是否正常，调整自动工作循环动作，检查启动、换向的运行。

2．负载调试

在空载运行正常的前提下，进行加载调试，使液压系统在设计规定的负载下工作。先在低于最大负载的一两种情况下进行试车。观察各液压元件的工作情况，是否有泄漏，工作部件的运行是否正常等。在一切正常的情况下再进行最大负载试车。最高试验压力按设计要求的系统额定压力或按实际工作对象所需的压力进行调节，不能超过规定的工作压力。

8.4　液压系统的使用与维护

液压系统工作性能的保持，在很大程度上取决于正确的使用与及时的维护，因此必须建立有关使用和维护方面的制度，以保证系统正常工作。

8.4.1 液压系统使用注意事项

(1) 操作者应掌握液压系统的工作原理,熟悉各种操作要点,调节手柄的位置、旋向等。

(2) 开机前应检查系统上的各调节手轮、手柄是否被无关人员动过,电气开关和行程开关的位置是否正常,工具的安装是否正确、牢固等,再对导轨和活塞杆的外露部分进行擦拭后才可开机。

(3) 开机前应检查油温。若气温低于10℃,则可将泵反复开停数次,进行升温,一般应空载运转20min以上才能加载运转。若室温在0℃以下,则应采取加热措施后再启动。若有条件,可根据季节更换不同黏度的液压油。

(4) 工作中应随时注意油位高度和温升。一般油液的工作温度在35~60℃较合适,最高不应超过80℃。

(5) 气温较高时,机械不可连续运转时间太长,通常在气温高于30℃的条件下,机械连续作业时间不得超过4h。

(6) 液压油要定期检查和更换,保持油液清洁。对于新投入使用的设备,使用三个月左右应清洗油箱、更换新油,以后按设备说明书的要求每隔半年或一年进行一次清洗和换油。

(7) 使用中应注意过滤器的工作情况,滤芯应定期清洗或更换。平时要防止杂质进入油箱。

(8) 若设备长期不用,则应将各调节旋钮全部放松,以防止弹簧产生永久变形而影响元件的性能,甚至导致液压故障的发生。

8.4.2 液压设备的维护

维护保养应分为日常维护、定期检查和综合检查三个阶段进行。

(1) 日常维护。日常维护通常是用目视、耳听及手触等比较简单的方法,在泵启动前、后和停止运转前检查油量、油温、压力、漏油、噪声以及振动等情况,并随之进行维护和保养。对重要的设备应填写"维护卡"。

(2) 定期检查。定期检查的内容包括调查日常维护中发现异常现象的原因并进行排除;对需要维护的部位,必要时进行分解检修。定期检查的时间间隔一般与过滤器的检修期相同,通常为2~3个月。

(3) 综合检查。综合检查大约一年一次。其主要内容是检查液压装置的各元件和部件,判断其性能和寿命,并对产生故障的部位进行检修,对经常发生故障的部位提出改进意见。综合检查的方法主要是分解检查,要重点排除一年内可能产生的故障因素。

8.5 液压系统的故障分析与排除

1. 故障诊断步骤

机电设备是由机械、电气、液压等装置组成,系统的故障分析要考虑各方面因素的综合影响,而且液压系统的故障不能直接观察到,故当系统发生故障后,判断故障原因是比较困难的,一般按以下步骤进行故障诊断。

(1) 熟悉性能和资料。在查找故障原因前,要先了解设备的性能、运动要求及有关的技能参数。

(2) 翻阅技术档案。对照技术档案,判断本次故障现象是否与以往记载的故障现象相似还是新故障。

(3) 全面了解故障状况,到现场向操作者询问设备出现故障前后的工作状况与异常现象、产生故障的部位,同时要了解过去是否发生过类似情况。

(4) 确认阶段,根据液压系统图以及电气控制原理图,深入了解元件的作用及其安装位置,进行综合分析,从而确定故障的部位或元件。

(5) 故障处理完后,应认真总结,并将本次故障的部位及排除方法作为资料纳入设备技术档案。

2. 故障诊断方法

设备故障诊断方法一般为简单诊断法和精密诊断法。

1) 简单诊断法

简单诊断法可分为"六看三听"。

(1) 六看。

一看速度:看执行元件运动速度有无变化和异常现象。

二看压力:看液压系统中各测压点的压力值大小,有无波动现象。

三看油液:观察油液是否清洁、是否变质,油液表面是否有泡沫,油量是否满足要求。

四看泄漏:看液压管道各接头处,阀板结合处,液压缸端盖处,液压泵轴伸出处是否有渗漏、滴漏和出现油垢现象。

五看振动:看液压缸活塞杆或工作台等运动部件工作时有无跳动现象。

六看产品:根据加工出来的产品质量,判断运动机构的工作状态、系统的工作压力和流量的稳定性。

(2) 三听。

一听噪声:听泵和系统工作时的噪声是否过大,溢流阀等元件是否有尖叫声。

二听冲击声:听工作台液压缸换向时冲击声是否过大,液压缸活塞是否有撞击缸底的声音,换向阀换向时是否有撞击端盖的声音。

三听敲击声:听液压泵运转时是否有敲击声。

2) 精密诊断法

精密诊断法又称为客观诊断,它采用各种监测仪器进行定量分析,从而找出故障的原因。如自动线的液压设备,在有关部位和各执行元件中装设有监测仪器(压力、流量、位置、速度、温度等传感器),在自动线运行过程中,监测仪器可监测到技术状况,并在屏幕上显示出来。

液压传动是在封闭的情况下进行的,无法从外部直接观察到系统内部,因此,当系统出现故障时,要寻找故障产生的原因往往有一定难度。能否分析出故障产生的原因并排除故障,一方面取决于对液压传动知识的理解和掌握程度,另一方面有赖于实践经验的不断积累。液压系统常见的故障、产生原因及排除方法见表8-3。

表8-3 液压系统常见的故障、产生原因及排除方法

故障现象	产 生 原 因	排 除 方 法
系统无压力或压力不足	① 溢流阀开启,由于阀芯被卡住,不能关闭,阻尼孔堵塞,阀芯与阀座配合不好或弹簧失效。 ② 其他控制阀阀芯由于故障卡住,引起卸荷。 ③ 液压元件磨损严重或密封损坏,造成内、外泄漏。 ④ 液位过低、吸油堵塞或油温过高。 ⑤ 泵转向错误、转速过低或动力不足	① 修研阀芯与阀体,清洗阻尼孔,更换弹簧。 ② 找出故障部位,清洗或修研,使阀芯在阀体内能够灵活运动。 ③ 检查泵、阀及管路各连接处的密封性,修理或更换零件和密封件。 ④ 加油,清洗吸油管路或冷却系统。 ⑤ 检查动力源
流量不足	① 油箱液位过低,油液黏度较大,过滤器堵塞引起吸油阻力过大。 ② 液压泵转向错误,转速过低或空转磨损严重,性能下降。 ③ 管路密封不严,空气进入。 ④ 蓄能器漏气,压力及流量供应不足。 ⑤ 其他液压元件及密封件损坏引起泄漏。 ⑥ 控制阀动作不灵	① 检查液位,补油,更换黏度适宜的液压油,保证吸油管直径足够大。 ② 检查原动机,液压泵及变量结构,必要时换液压泵。 ③ 检查管路连接及密封是否正确可靠。 ④ 检修蓄能器。 ⑤ 修理或更换。 ⑥ 调整或更换
泄漏	① 接头松动,密封件损坏。 ② 阀与阀板之间的连接不好或密封件损坏。 ③ 系统压力长时间大于液压元件或附近的额定工作压力,使密封件损坏。 ④ 相对运动零件磨损严重,间隙过大	① 拧紧接头,更换密封件。 ② 改善阀与阀板之间的连接,更换密封件。 ③ 限定系统压力,或更换许用压力较高的密封件。 ④ 更换磨损零件,减小配合间隙
油温过高	① 冷却器通过能力下降或出现故障。 ② 油箱容量小或散热性差。 ③ 压力调整不当,长期在高压下工作。 ④ 管路过细且弯曲,造成压力损失增大,引起发热。 ⑤ 环境温度较高	① 排除故障或更换冷却器。 ② 增大油箱容量,增设冷却装置。 ③ 限定系统压力,必要时改进设计。 ④ 加大管径,缩短管路,使油液流动通畅。 ⑤ 改善环境,隔绝热源
振动	① 液压泵:密封不严吸入空气,安装位置过高,吸油阻力大,齿轮几何精度不够,叶片卡死断裂,柱塞卡死移动不灵活,零件磨损使间隙过大。 ② 液压油:液位太低,吸油管插入液面深度不够,油液黏度太大,过滤器堵塞。 ③ 溢流阀:阻尼孔堵塞,阀芯与阀体配合间隙过大,弹簧失效。 ④ 其他阀芯移动不灵活。 ⑤ 管道:管道细长,没有固定装置,互相碰撞,吸油管与回油管相距太近。 ⑥ 电磁铁:电磁铁焊接不良,弹簧过硬或损坏,阀芯在阀体内卡住。 ⑦ 机械:液压泵与电动机联轴器不同轴或松动,运动部件停止时有冲击,换向时无阻尼,电动机振动	① 更换吸油口密封,吸油管口至泵进油口高度要小于500mm,保证吸油管直径,修复或更换损坏的零件。 ② 加油,增大吸油管长度到规定液面高度,更换合适黏度的液压油,清洗过滤器。 ③ 清洗阻尼孔,修配阀芯与阀体的间隙,更换弹簧。 ④ 清洗,去毛刺。 ⑤ 设置固定装置,扩大管道间距及吸油管和回油管间距离。 ⑥ 重新焊接,更换弹簧,清洗及研配阀芯和阀体。 ⑦ 保持泵与电动机轴的同轴度不大于0.1mm,采用弹性联轴器,紧固螺钉,设置阻尼或缓冲装置,电动机做平衡处理

续表

故障现象	产生原因	排除方法
冲击	① 蓄能器充气压力不够。 ② 工作压力过高。 ③ 先导阀、换向阀制动不灵及节流缓冲慢。 ④ 液压缸端部无缓冲装置。 ⑤ 溢流阀故障使压力突然升高。 ⑥ 系统中有大量空气	① 给蓄能器充气。 ② 调整压力至规定值。 ③ 减少制动锥倾斜角或增加制动锥长度，修复节流缓冲装置。 ④ 增设缓冲装置或背压阀。 ⑤ 修理或更换。 ⑥ 排除空气

复习与思考

1. YT4543 型液压动力滑台的液压系统由哪些基本回路组成？如何实现差动连接？采用行程阀进行快慢速切换，有何特点？

2. 在 MJ-50 数控车床液压系统中，卡盘夹紧和刀架转位分别采用什么回路？三个减压阀的作用分别是什么？

3. 造成液压油温度过高的原因有哪些？如何解决？

4. 图 8-8 所示为某镗床液压系统，试分析该系统的工作原理。

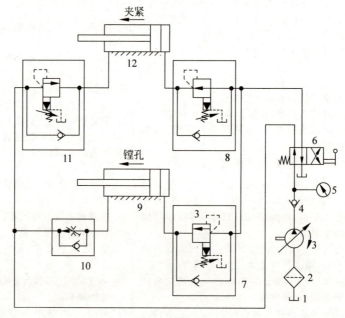

图 8-8 题 4 图

国之重器：盾构机

盾构机又被称为"工程机械之王"，其技术水平是衡量一个国家地下施工装备制造水平的重要标志。在很长一段时间内,因为技术水平不过关,我国铁路、地铁等隧道挖掘都只能依赖从国外进口的盾构机。由于制造技术被国外垄断,每次这些设备出故障,都只能请"洋工"从国外飞过来检查,不仅维修价格昂贵,检测人员的人工费用也十分惊人。

在国家有关政策导向下,自2009年开始,以中国铁建和中国中铁为主要牵头企业,盾构机国产化和产业化工作加速推进取得了显著成果。

据了解,长久以来,国际上的盾构机分为三个流派:美国擅长硬岩挖掘、德国的适用性好、日本的则是做工精巧。如今,国产盾构机集三大流派之长处,而且价格低廉。国产盾构机占到全球市场份额的65%,国内市场的90%以上。有数据显示,目前我国国产盾构机年产约500台套,按照平均每台套6000万元测算,每年可实现产值约300亿元、实现净利润约50亿元。

现代盾构机集光、机、电、液、伺服控制及信息传输等技术于一体,涉及地质、机械、液压流体、电气、控制以及气体检测等学科领域,其中液压传动与控制在盾构施工中发挥着极其重要的作用,盾构机的绝大部分工作机构主要由液压系统驱动来完成,液压系统可以说是盾构机的心脏。盾构机通过液压推进及铰接系统、刀盘切割旋转液压系统、管片拼装机液压系统、管片小车及辅助液压系统、螺旋输送机液压系统、液压油主油箱及冷却过滤系统、同步注浆泵液压系统、超挖刀液压系统这八大系统的协同驱动,实现隧道掘进。

近年来,我国盾构机研制不断取得新的突破,已经实现了向西方制造业强国反向出口,中国盾构机已经成为世界主流(图8-9)。这背后和我国液压系统和液压技术的进步密不可分。液压系统作为众多大型高端装备制造业中最基础的应用之一,是我国走向制造业强国的坚实支撑。

图8-9 "振兴号"盾构机

第9章 气动技术概述

第9章微课视频

气压传动(气动)技术是以空气压缩机为动力源,以压缩空气为工作介质进行能量和信号传递的一门技术,是实现生产自动化的有效技术之一。

气压传动的工作原理是利用空压机把电动机或其他原动机输出的机械能转换为空气的压力能,然后在控制元件的作用下,通过执行元件,把压力能转换为直线运动或回转运动形式的机械能,从而完成各种动作,并对外做功。

由于气压传动具有防火、防爆、节能、高效、无污染等优点,此外,气动技术在与其他学科技术(计算机、电子、通信、仿生、传感、机械等)结合时,有良好的相容性和互补性,如工控机、气动伺服定位系统、现场总线、以太网 AS-i、仿生气动肌腱、模块化的气动机械手等,因此在国内外工业生产中应用较普遍。

9.1 气动系统的组成

图 9-1 所示为气动剪切机的工作原理图,图示位置为剪切前的预备状态,其工作过程如下。

空气压缩机 1 产生的压缩空气→后冷却器 2→油水分离器 3→储气罐 4→分水滤气器 5→减压阀 6→油雾器 7→换向阀 9→气缸 10,部分气体进入换向阀 9 的 A 腔,使上腔弹簧压缩,换向阀的压缩空气将阀芯推到上位;大部分压缩空气经换向阀 9 后进入气缸的上腔,使气缸上腔充压,而气缸的下腔经换向阀与大气相通,故气缸活塞处于最下端位置,剪切机的剪口张开,处于预备状态。

当送料装置把工料 11 送入剪切机并到达规定位置时,工料将行程阀 8 的阀芯向右推,换向阀 9 的 A 腔经行程阀 8 与大气相通,换向阀 9 的 A 腔的压缩空气被排入大气;换向阀 9 的阀芯在弹簧的作用下移到下位,则气缸上腔经换向阀与大气相通,此时压缩空气经换向阀 9 后进入气缸的下腔,活塞带动剪刀快速向上运动,将工料切下,工料切下后,即与行程阀脱开,行程阀在弹簧作用下复位,将排气口封死。换向阀 A 腔压力上升,阀芯上移,使气路换向。气缸上腔进压缩空气,下腔排气,活塞带动剪刀向下运动,系统又恢复到图示状态,等待第 2 次进料剪切。

通过气动剪切机工作过程可知,气源装置将电动机的机械能转化为气体的压力能,然后

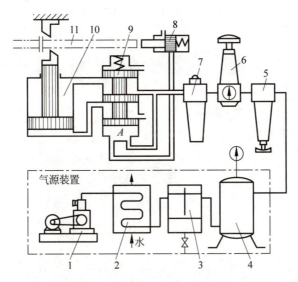

图 9-1　气动剪切机的工作原理

1—空气压缩机；2—后冷却器；3—油水分离器；4—储气罐；5—分水滤气器；
6—减压阀；7—油雾器；8—行程阀；9—换向阀；10—气缸；11—工料

通过气缸将气体的压力能再转换为机械能以推动负载运动，气压传动过程可用如图 9-2 所示。

图 9-2　气压传动过程

为了实现压缩空气的输送，气源装置与气缸或气马达之间用管道连接，同时为了实现执行机构所要求的运动，在系统中还设置有各种控制阀及其他辅助设备，所以气压传动系统主要由下列几部分组成。

(1) 动力元件：即气源装置，是获得压缩空气的装置，其主体部分是空气压缩机，它将原动机供给的机械能转变为气体的压力能。使用气动设备较多的车间常将气源装置集中于压气站(俗称空压站)内，由压气站统一向各用气点分配压缩空气。

(2) 控制元件：用来控制压缩空气的压力、流量和流动方向，以便使执行机构完成预定的工作循环。它包括各种压力控制阀、流量控制阀、方向控制阀和逻辑元件等，这些元件的不同组合组成了能够完成不同功能的气压系统。

(3) 执行元件：将气体的压力能转换成机械能的一种能量转换装置，它包括实现直线往复运动的气缸和实现连续回转运动或摆动的气马达等，用来驱动工作机构。

(4) 辅助元件：保证压缩空气的净化、元件的润滑、元件间的连接及消声等所必需的元件，包括过滤器、油雾器、管接头及消声器等，对保持系统正常可靠、稳定和持久地工作起着十分重要的作用。

(5) 传动介质：气压传动系统中所使用的工作介质是空气。

常见气压传动元件图形符号见表 9-1。

表 9-1 常见气压传动元件图形符号表

气源及净化装置					
空气压缩机	冷却器		油雾分离器	气罐	空气干燥器	气压源
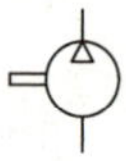	 （不带冷却液流道指示）	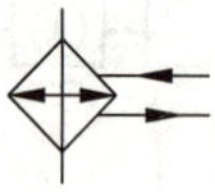 （液体冷却）	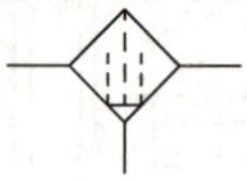			

辅助元件			
吸附式过滤器 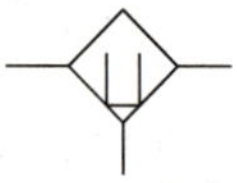	油雾器 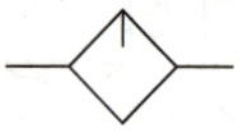	消声器 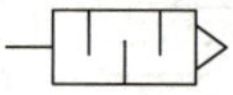	气液转换器 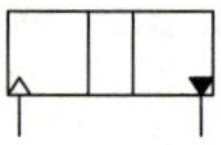

气压缸		
单作用单杆缸（弹簧复位） 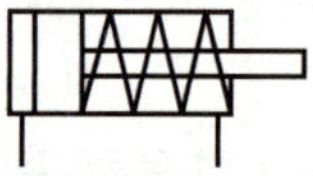	双作用单杆缸 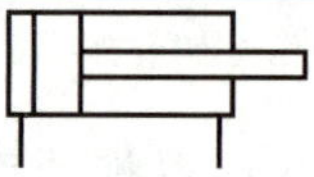	双作用双杆缸 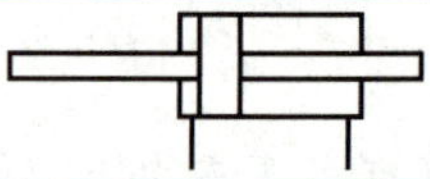

气马达			
单向定量气马达 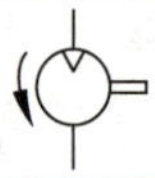	单向变量气马达 	双向定量气马达 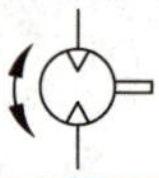	双向变量气马达 

方向控制阀				
单向阀 	或门梭阀 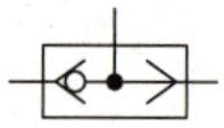	双压阀 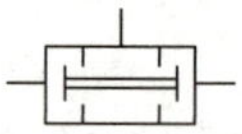	二位三通换向阀 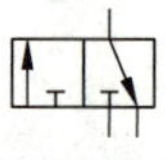	快速排气阀 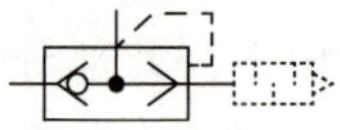

压力控制阀				
直动式溢流阀 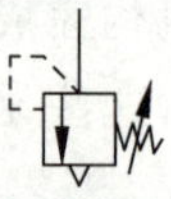	先导式溢流阀 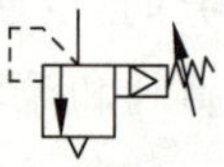	直动式减压阀 	先导式减压阀 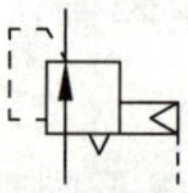	顺序阀 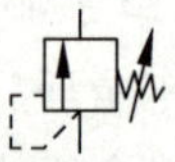

流量控制阀	
节流阀 	排气节流阀 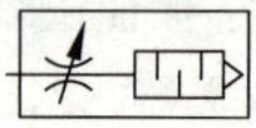

因此可以绘制气动剪切机气压传动系统符号图，如图 9-3 所示，图形符号只表示元件的功能，而不能表示元件的具体结构和参数。

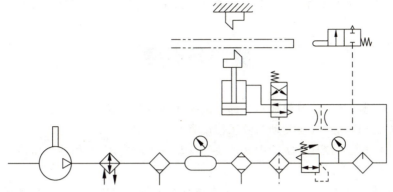

图 9-3　气动剪切机气压系统符号图

9.2　气压传动的特点

气动技术被广泛应用于机械、电子、轻工、纺织、食品、医药、包装、冶金、石化、航空、交通运输等工业部门,如组合机床、加工中心、气动机械手、生产自动线、自动检测装置等已大量出现气动技术。与液压传动相比气压传动有以下特点。

1. 气压传动的优点

(1) 以空气为介质,来源方便,使用后可以直接排入大气中,不污染环境,处理方便,同时不存在介质变质、补充和更换等问题。

(2) 空气的黏度很小,所以流动阻力小,在管道中流动的压力损失较小,所以便于集中供气和实现远距离传输。

(3) 对工作环境温度适应能力强,可在 −40~50℃ 的温度范围、潮湿、溅水和有灰尘的环境下可靠工作,纯气动控制具有防火、防爆的特点,安全可靠性比液压、电子、电气传动和控制优越。

(4) 与液压传动相比,气压传动具有动作迅速、反应快等优点,利用空气的可压缩性可储存能量,短时间释放以获得瞬时高速运动。此外传动管路不易堵塞,维护简单。

(5) 空气具有可压缩性,对冲击载荷和过载载荷有较强的适应能力,能够实现过载自动保护,也便于储气罐贮存能量,以备急需。

2. 气压传动的缺点

(1) 由于空气的可压缩性较大,所以气动装置的运动稳定性较差,运动速度易受负载变化的影响;气缸在低速运动时,由于摩擦力占推力的比例较大,低速平稳调节不及液压传动。

(2) 工作压力较低(一般为 0.4~0.8MPa),系统输出力小,传动效率低。

(3) 气压传动具有较大的排气噪声。

(4) 工作介质本身没有润滑性,因此气动系统需要专门的润滑装置。

（5）空气本身无须成本，但与电气和液压动力相比，产生气动能量的成本最高。

复习与思考

1. 气动系统由哪些部分组成？各部分由哪些设备及气动元件组成？
2. 何谓气压传动？气压传动与液压传动有什么不同？
3. 请举3例说明在日常生活中所涉及的气动技术的应用，并简述气压传动的过程。
4. 填空题
（1）气压传动是以_____为工作介质进行能量传递的一种传动形式。气源装置将电动机的_____转换为气体的_____，然后通过气缸将气体的_____再转换为_____以推动负载运动。
（2）气压传动系统主要由5部分组成：_____、_____、_____、_____、_____。
（3）控制调节元件是对气压系统中气体的_____、_____和_____进行控制和调节的元件。
5. 画出气压传动过程方框图。

中国天眼 FAST

中国天眼 FAST（500m口径球面射电天文望远镜，见图9-4）是由中国科学院国家天文台主持研制，从提出计划、设计、施工建设，经过20多年的努力，于2016年9月竣工落成。这是我国具有自主知识产权、当前世界上单口径最大、最灵敏的射电望远镜。它的落成启用对我国在科学前沿实现重大原创突破、加快创新驱动发展具有重要意义。

图9-4　中国天眼 FAST

FAST 采用我国科学家独创的设计：利用贵州天然的喀斯特漏斗洼地和零污染的无线电环境作为台址；在洼地内铺设 4450 块反射面单元组成 500m 球冠状主动反射面；采用轻型索拖动机构和并联机器人，实现望远镜接收机的高精度定位。FAST 的边缘是长度超过 1600m 的钢结构圈梁，共消耗钢材 5600t，是 FAST 的整副骨架，锁扣牵引钢索交织形成一个距离地面 4m 高的巨大网兜，4450 块主动反射面单元就安装在这个网兜上，帮助反射面变位的 2000 多个液压促动器，通过伸缩实现精确定位、协同运动，还可将自身各项状态信息上报给控制系统，满足适时跟踪、换源等运动要求。圈梁上方安装的 6 座馈源塔也将牵引 6 根钢索，把射电望远镜的馈源舱悬空吊起，用于接收由反射面收集到的来自外太空的电磁波。

中国天眼代表着中国在基础学科和工程领域的强大实力，代表着中国在相关科学领域的最高成就，是当之无愧的国之重器。

第10章 气动元件

第 10 章微课视频

气动元件包括动力元件（即气源装置）、控制元件和执行元件，一般常用的有气缸、电磁阀、调压阀、气动马达、过滤器、接头、油水分离器等，每一种元件又包含非常多的类别。气动元件可靠性高、使用寿命长，阀的寿命大于 3000 万次，高的可达 1 亿次以上；气缸的寿命在 5000km 以上，高的可超过 10000km。本章主要介绍各种气动元件的工作原理、结构和应用。

10.1 气源装置及气动辅件

10.1.1 气源装置

气源装置是为气动系统提供满足质量要求的压缩空气，它是气动传动系统的重要组成部分。由空气压缩机产生的压缩空气，必须经过降温、净化、减压、稳压等一系列处理后，才能供给控制元件和执行元件使用，因此气源装置一般由气压发生装置、空气的净化装置和传输管道系统组成。典型的气源装置如图 10-1 所示。

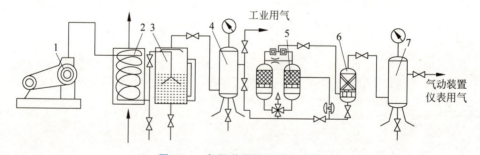

图 10-1 气源装置的组成示意图

1—空气压缩机；2—后冷却器；3—油水分离器；4,7—储气罐；5—干燥器；6—过滤器

在图 10-1 中，1 为空气压缩机，用于产生压缩空气，一般由电动机带动，其吸气口装有空气过滤器以减少进入空气压缩机的杂质，从而尽可能避免空气压缩机中的压缩气缸受到不当磨损。经空气压缩机压缩后的空气，可达 140～180℃，并伴有一定的水分、油分。2 为后冷却器，用于降温冷却压缩空气，使净化的水凝结。3 为油水分离器，用于分离并排出降

温冷却的水滴、油滴、杂质等。4为储气罐,用于储存压缩空气,稳定压缩空气的压力并除去部分油分和水分。5为干燥器,用于进一步吸收或排除压缩空气中的水分和油分,使之成为干燥空气。6为过滤器,用于进一步过滤压缩空气中的灰尘、杂质颗粒。7为储气罐。储气罐4输出的压缩空气可用于一般要求的气压传动系统,储气罐7输出的压缩空气可用于要求较高的气动系统。气源装置的组成符号如图10-2所示。

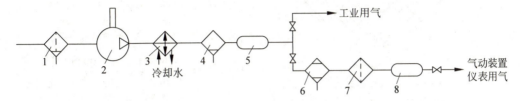

图10-2　气源装置的组成符号

1—空气过滤器；2—空气压缩机；3—后冷却器；4—油水分离器；
5、8—储气罐；6—空气干燥器；7—过滤器

1. 空气压缩机

空气压缩机简称空压机,它是气压发生装置。空气压缩机是气动系统的动力源,也是气源装置的核心。空气压缩机的种类很多,主要有活塞式、膜片式、叶片式、螺杆式等几种类型,其中活塞式压缩机的使用最为广泛。

活塞式空气压缩机的工作原理如图10-3所示。当活塞下移时,气体体积增加,气缸内压力小于大气压,空气便从进气阀门进入缸内。在冲程末端,活塞向上运动,排气阀门被打开,输出空气进入储气罐。活塞的往复运动是由电动机带动的曲柄滑块机构形成的。这种类型的空压机只经过一个过程就可将吸入的大气压空气压缩到所需要的压力,因此称为单级活塞式空压机。

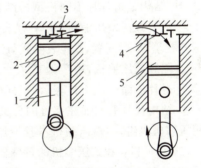

图10-3　活塞式空气压缩机的工作原理图

1—连杆；2—活塞；3—排气阀；
4—进气阀；5—气缸

单级活塞式空压机通常用于需要0.3~0.7MPa压力范围的系统,因此,当输出压力较高时,采用单级活塞式空压机温度将过高,会大大减低空压机的效率,应采用多级压缩机。工业中使用的活塞式空压机通常是两级的,图10-4所示为两级活塞式空气压缩机,由两级三个阶段将吸入的大气压空气压缩到最终的压力。如果最终压力为0.7MPa,第1级通常将它压缩到0.3MPa,然后经过中间冷却器被冷却,压缩空气通过中间冷却器后温度大大下降,再输送到第2级气缸,压缩到0.7MPa。

空气压缩机的图形符号如图10-5所示。

容积式空气压缩机的型号表示方法：按国标JB/T 2589—2015《容积式压缩机型号　编制方法》规定,容积式压缩机型号由大写汉语拼音字母和阿拉伯数字组成,表示方法如图10-6所示。

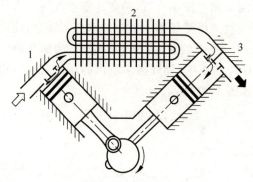

图 10-4 两级活塞式空气压缩机

1——一级活塞；2—中间冷却器；3—二级活塞

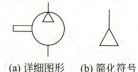

(a) 详细图形　(b) 简化符号

图 10-5 空气压缩机的图形符号

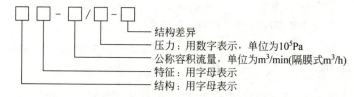

图 10-6 容积式空气压缩机型号表示方法

各部分的含义如下。

(1) 结构是指各种不同机型的结构形式。

① 往复式活塞压缩机，用 V 代表两气缸呈 V 形配置，L 代表两气缸呈 L 形配置，W 代表三气缸呈 W 形配置，Z 代表立式，P 代表卧式等。

② 隔膜式压缩机，用字母 G 表示，当隔膜由机械机构直接驱动时，用 GJ 表示。

③ 滑片压缩机用 HP 表示，螺杆压缩机用 LG 表示。

④ 结构代号后面加注字母的含义为：F 表示固定式风冷容积式压缩机；Y 表示移动式容积压缩机机组，但对压缩机本身不加 Y。

(2) 特征指容积式压缩机的特殊使用性能。需表示多项特征时，应按以下顺序的代号来表示：C—车载；W—无润滑；S—水润滑；WJ—无基础；D—低噪声罩式；B—直联便携式。

(3) 公称容积流量表示压缩机排出的气体在标准排气位置的实际容积流量。该流量应换算为标准吸气位置的全温度、全压力及组分（如湿度）状态的流量，取公称值。

(4) 吸气压力为常压时，型号中的压力值仅表示压缩机额定排气压力的表压力值。

(5) 结构差异是为了区分压缩机品种，必要时才标注，但应避免全部由数字表示。

例如，VY-9/7 型压缩机的机构和主要参数为往复活塞式，V 形，移动式，公称容积流量 $9m^3/min$，额定排气表压力 0.7MPa。

WWD-0.8/10 型压缩机：往复活塞式，W 形，无润滑，低噪声罩式，公称容积流量 $0.8m^3/min$，额定排气表压力 1MPa。

2. 空气净化装置

1) 后冷却器

空压机输出的压缩空气温度可达 120℃ 以上，在此温度下，空气中的水分完全成气态。

后冷却器的作用就是将空压机出口的高温空气冷却至 40℃ 以下,将大量水蒸气和变质油雾冷凝成液态水滴和油滴,以便经油水分离器排出。

后冷却器的型号选用要根据系统的使用压力、冷却器入口空气温度、环境温度、后冷却器出口空气温度及需要处理的空气量而定。

后冷却器按冷却方式可分为风冷式和水冷式,工作原理如图 10-7 所示。

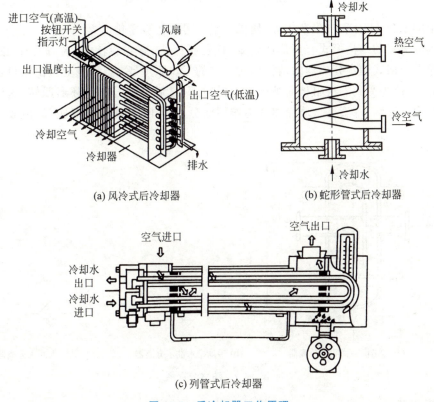

图 10-7 后冷却器工作原理

如图 10-7(a)所示,风冷式后冷却器是靠风扇产生的冷空气吹向带散热片的热气管道来降低压缩空气温度的。风冷式不需冷却水设备,不用担心断水或水冻结,占地面积小、重量轻、紧凑、运转成本低、易维修,但只适用于入口空气温度低于 100℃,且处理空气量较少的场合。

当入口空气温度超过 100℃ 或处理空气量很大时,只能选用水冷式后冷却器。水冷式后冷却器结构形式有蛇管式、套管式、列管式和散热片式等。图 10-7(b)所示为蛇管式后冷却器,图 10-7(c)所示为列管式后冷却器,它们都是水冷式后冷却器。水冷式后冷却器依靠强行输入冷却水沿热空气管道的反向流动,以降低压缩空气的温度。水冷式后冷却器出口空气温度约比冷却水的温度高 10℃ 左右,水冷式散热面积是风冷式的 25 倍,热交换均匀,分水效率高,故适用于入口空气温度低于 200℃,且处理空气量较大、湿度大、尘埃多的场合。

后冷却器的图形符号如图 10-8 所示。

2) 油水分离器

油水分离器又称为除油器,它安装在后冷却器出口管道上,其作用是分离并排除压缩空

(a) 通用符号　　　(b) 风冷式后冷却器符号　　　(c) 水冷式后冷却器符号

图 10-8　后冷却器图形符号

气中凝聚的油分、水分和灰尘杂质等，使压缩空气得到初步净化。

油水分离器的结构形式有环形回转式、撞击折回式、离心旋转式、水浴式等，图 10-9 所示的是撞击折回式油水分离器的结构形式。它的工作原理是：当压缩空气由入口进入分离器壳体后，气流先受到隔板阻挡而被撞击折回向下，之后又上升产生环形回转，这样凝聚在压缩空气中的油滴、水滴等杂质受惯性力作用而分离析出，沉降在容器底部，由放水阀定期排出。

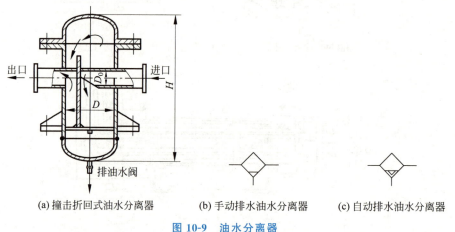

(a) 撞击折回式油水分离器　　(b) 手动排水油水分离器　　(c) 自动排水油水分离器

图 10-9　油水分离器

3）干燥器

从空压站出来的压缩空气已经经过了初步的净化，可以满足一般气动系统的要求，但对于精密气动装置，如气动仪表、射流装置等，还须进一步净化处理。干燥器的作用就是进一步吸收和排出压缩空气中的水分、油分和杂质，使湿空气变成干空气。

目前使用的干燥方法很多，主要有吸附法、离心法、机械降水法和冷冻法。在工业上常用的是冷冻法和吸附法。空气干燥器的图形符号如图 10-10 所示。

图 10-10　空气干燥器图形符号

(1) 冷冻式干燥器

冷冻式干燥器是利用冷媒与压缩空气进行热交换，把压缩空气冷却至 2～10℃ 的范围，以除去压缩空气中的水分。此方法适用于处理低压大流量，并对干燥度要求不高的压缩空气。

图 10-11 为带后冷却器及自动排水器的冷冻式干燥器的工作原理。潮湿的热压缩空气经风冷式后冷却器冷却后，再流入冷却器冷却到压力露点 2～10℃。在此过程中，水蒸气冷

凝成水滴,经自动排水器排出。除湿后的冷空气通过热交换器,吸收进口侧空气的热量,使空气温度上升,提高输出空气的温度,可避免输出口管外壁结霜,并降低压缩空气的相对湿度。将处于不饱和状态的干燥空气从输出口输出,供气动系统使用。只要输出空气温度不低于压力露点温度,就不会出现水滴。压缩机将制冷剂压缩以升高压力,经冷凝器冷却,使制冷剂由气态变为液态。液态制冷剂在毛细管中被减压,变成低温易蒸发的液态。在热交换器中,与压缩空气进行热交换,并被汽化。汽化后的制冷剂再回到压缩机中进行循环压缩。

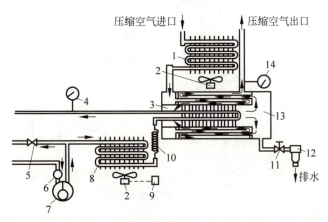

图 10-11　冷冻式干燥器的工作原理

1—后冷却器；2—风扇；3—冷却器；4—蒸发温度表；5—容量控制阀；6—抽吸储气罐；7—压缩机；8—冷凝器；9—压力开关；10—毛细管；11—截止阀；12—自动排水器；13—热交换器；14—出口空气压力表

（2）吸附式干燥器

吸附式干燥器是利用具有吸附性能的吸附剂（如硅胶、活性氧化铝等）吸附压缩空气中水分的一种空气净化装置。吸附剂吸附了压缩空气中的水分后,将达到饱和状态而失效,为了能够连续工作,必须排除吸附剂中的水分,使吸附剂恢复到干燥状态,这个过程称为吸附剂的再生。吸附剂的再生方法有加热再生和无热再生两种。

图 10-12 所示为一种无热再生式干燥器,它有两个填满吸附剂的容器 A、B,当压缩空气从容器 A 的下部流到上部,空气中的水分被吸附剂吸收而得到干燥,一部分干燥后的空气又从容器 B 的上部流到下部,把吸附在吸附剂中的水分带走并放入大气,即实现了不需要外加热源而使吸附剂再生。两容器定期交替工作,使吸附剂产生吸附和再生,从而得到连续输出的干燥压缩空气。

（3）干燥器的选择和使用

使用空气干燥器时,必须确定气动系统的露点温度,然后才能确定选用干燥器的类型和使用的吸附剂等。

决定干燥器的容量时,应注意整个气动系统所需流量大小以及输入压力、输入端的空气温度。

若使用有油润滑的空气压缩机作为气压发生装置,必须注意压缩空气中混有油粒子,油能黏附于吸附剂的表面,使吸附剂吸附水蒸气的能力降低,对于这种情况,应在空气入口处设置除油装置。

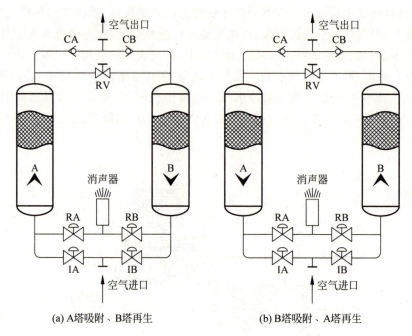

图 10-12 无热再生式干燥器

干燥器无自动排水器时,需要定期手动排水,否则一旦混入大量冷凝水后,干燥器的效率就会降低,影响压缩空气的质量。

4) 分水过滤器

分水过滤器的作用是滤除压缩空气中的水分、油滴和杂质,以达到系统所要求的净化程度,常用的过滤器有一次过滤器和二次过滤器两种。空气在进入空压机之前,必须经过简易的一次过滤器,以滤除空气中所含的一部分灰尘和杂质。在空压机的输出端要使用二次过滤器过滤压缩空气。

图 10-13 为二次过滤器的结构示意图,其工作原理是:压缩空气从输入口进入后,被引入旋风叶子 1,旋风叶子上有许多呈一定角度的缺口,迫使空气沿缺口的切线方向高速旋转,这样夹杂在压缩空气中的较大水滴、油滴和灰尘等,便依靠自身的惯性与存水杯 3 的内壁碰撞,并从空气中分离出来沉到杯底,而灰尘、杂质则由滤芯 2 滤除。

5) 储气罐

储气罐的作用如下。

(1) 使压缩空气供气平稳,减小压力脉动。

(2) 储存一定量的压缩空气,可降低空压机的启动停止频率,并可作为应急使用。

(3) 进一步分离压缩空气中的水分和油分。

储气罐一般为圆筒状焊接结构,有立式和卧式两种,以立式居多。立式储气罐的高度为其直径的 2～3 倍,同时应使进气管在下,出气管在上,并尽可能加大两气管之间的距离,以利于进一步分离空气中的油和水,其结构如图 10-14 所示。储气罐上应设置以下元件。

安全阀:当储气罐内的气体压力超过允许限度时,可将压缩空气排出。

压力表:显示储气罐内气体的压力。

压力开关:利用储气罐内气体的压力控制电动机。压力开关被设置一个最高压力和一

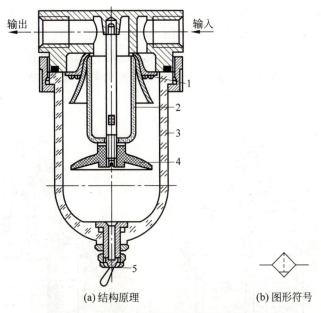

(a) 结构原理　　　　　(b) 图形符号

图 10-13　二次过滤器的结构和图形符号

1—旋风叶子；2—滤芯；3—存水杯；4—挡水板；5—排水阀

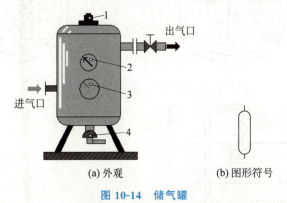

(a) 外观　　　　　(b) 图形符号

图 10-14　储气罐

1—安全阀；2—压力表；3—检修盖；4—排水阀

个最低压力，当气体压力达到最高压力时电动机停止，当气体压力跌到最低压力时电动机重新启动。

单向阀：当压缩机关闭时，防止压缩空气反方向流动。

排水阀：设置在最低处，用于排掉凝结在储气罐内的水。

储气罐的尺寸大小由压缩机的输出量决定，一般储气罐容量约等于压缩机每分钟压缩空气的输出量。

10.1.2　气动辅件

1. 油雾器

油雾器是气动系统的润滑装置，它将润滑油喷射成雾状，并混合于压缩空气中，随着压缩空气进入需要润滑的部位，以满足润滑的要求。其特点是润滑均匀、稳定、耗油量小。

油雾器的结构、工作原理和图形符号如图 10-15 所示。当压力为 p_1 的压缩空气从左向右流经文氏管后，压力变为 p_2，p_1 和 p_2 的压差 Δp 大于将油吸到排出口处所需的压力时，油被吸到油雾器的上部，在排出口被主通道中的气流引射出来，形成油雾，并随着压缩空气输送到需润滑的部位。

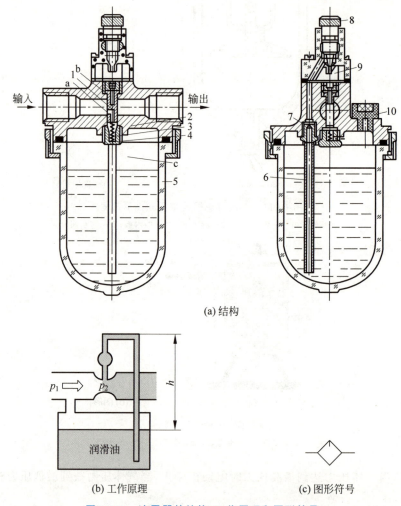

图 10-15　油雾器的结构、工作原理和图形符号

1—喷嘴组件；2—阀座；3—弹簧；4—截止阀；5—储油杯；6—吸油管；
7—单向阀；8—节流针阀；9—视油器；10—油塞；a、b—小孔；c—密封腔

油雾器在安装时应注意进、出口不能接错，使用中一定要垂直安装。油雾器可以单独使用，也可以与空气过滤器、减压阀三件联合使用，组成气源调节装置，通常称为气动三联件。联合使用时，其连接顺序应为空气过滤器→减压阀→油雾器，不能颠倒。气动三联件的外观和图形符号如图 10-16 所示。

2. 消声器

在气动系统中，当压缩空气直接从气缸或换向阀排向大气时，较高的压差使气体速度很

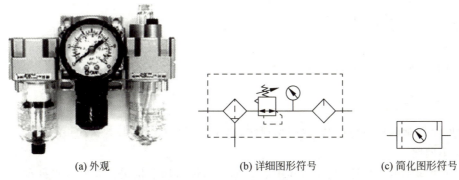

(a) 外观　　　　　　(b) 详细图形符号　　　　(c) 简化图形符号

图 10-16　气动三联件的外观和图形符号

高,从而产生强烈的排气噪声,一般可达 100～120dB,这对人体的健康会造成危害,并使作业环境恶化,为了消除或减弱这种噪声,应在气动装置的排气口安装消声器。常用的消声器有以下 3 种类型。

(1) 吸收型消声器:吸收型消声器是利用吸声材料(玻璃纤维、烧结材料等)来降低噪声。

(2) 膨胀干涉型消声器:膨胀干涉型消声器相当于一段比排气孔口径大的管件。当气流通过时,在其内部扩散、膨胀反射、互相干涉而消声。

(3) 膨胀干涉吸收型消声器:这种消声器是上述两类消声器的组合,消声效果最好,其结构如图 10-17 所示。

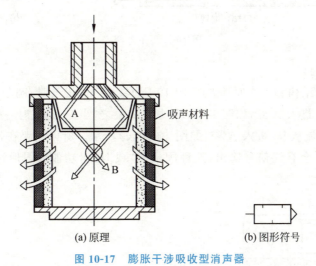

(a) 原理　　　　　　(b) 图形符号

图 10-17　膨胀干涉吸收型消声器

10.2　气动控制元件

气动系统的控制元件主要是控制阀,它用来控制和调节压缩空气的方向、压力和流量。按其作用和功能可分为方向控制阀、压力控制阀和流量控制阀。

10.2.1 方向控制阀

方向控制阀有单向型和换向型两种。

1. 单向型控制阀

单向型控制阀包括单向阀、或门型梭阀、双压阀(与门型梭阀)和快速排气阀。

1) 单向阀

气动单向阀的工作原理、结构和用途与液压单向阀基本相同。因单向阀是在压缩空气作用下开启的,因此在阀开启时,必须满足最低开启压力,否则不能开启。即使阀处在全开状态也会产生压降,因此在精密的压力调节系统中使用单向阀时,需预先了解阀的开启压力和压降值。一般最低开启压力在$(0.1 \sim 0.4) \times 10^5$ Pa,压降在$(0.06 \sim 0.1) \times 10^5$ Pa。其结构和图形符号如图10-18所示。

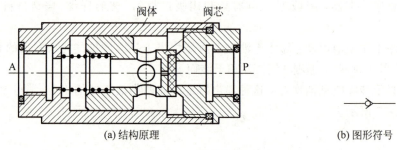

图 10-18 单向阀

2) 或门型梭阀

或门型梭阀的结构和工作原理如图10-19所示。当P_1进气时,阀芯被推向右边,P_1与A相通,气流从P_1进入A腔,如图10-19(b)所示;反之,当P_2进气时,阀芯被推向左边,P_2与A相通,于是气流从P_2进入A腔,如图10-19(c)所示。所以只要在任一输入口有气信号,则输出口A就会有气信号输出,这种阀具有"或"逻辑功能。图形符号如图10-19(d)所示。

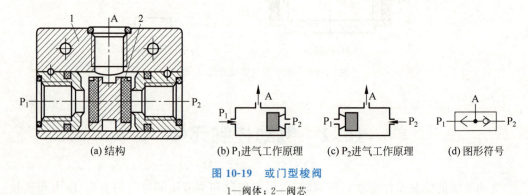

图 10-19 或门型梭阀
1—阀体;2—阀芯

或门型梭阀的应用回路如图 10-20 所示。该回路通过或门型梭阀实现手动和电动操作,分别控制气控换向阀的换向。

3) 双压阀

双压阀的作用相当于与门逻辑功能,其结构和工作原理如图 10-21 所示。当 P_1 进气时,阀芯被推向右边,A 无输出,如图 10-21(c)所示;当 P_2 进气时,阀芯被推向左边,A 无输出,如图 10-21(d)所示;当 P_1 与 P_2 同时进气时,A 有输出,如图 10-21(e)所示,图 10-21(b)所示的是双压阀的图形符号。

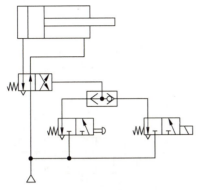

图 10-20 或门型梭阀的应用回路

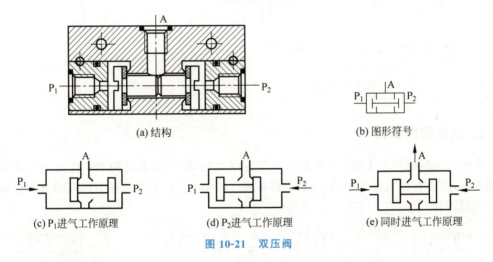

图 10-21 双压阀

双压阀的应用如图 10-22 所示,只有工件的定位符号 1 和夹紧符号 2 同时存在时,双压阀才有输出,使换向阀换向。

4) 快速排气阀

快速排气阀常装在换向阀和气缸之间,它使气缸不通过换向阀而快速排出气体,从而加快气缸的往复运动速度,缩短工作周期。快速排气阀的结构和工作原理如图 10-23 所示。当 P 进气时,将活塞向下推,P 与 A 相通,如图 10-23(c)所示;当 P 腔没有压缩空气时,在 A 腔与 P 腔压力差的作用下,活塞上移,封住 P 口,此时 A 与 O 相通,如图 10-23(d)所示,A 腔气体通过 O 直接排入大气。图 10-23(b)所示为快速排气阀的图形符号。

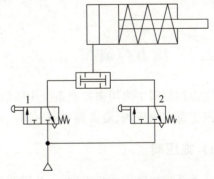

图 10-22 双压阀的安全控制回路

快速排气阀的应用如图 10-24 所示。气缸直接通过快速排气阀排气而不通过换向阀。

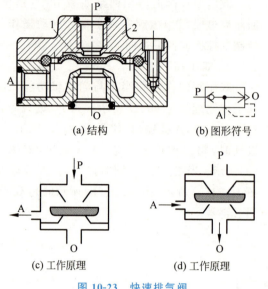
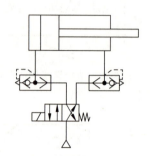

图 10-23 快速排气阀
1—膜片；2—阀体

图 10-24 快速排气阀的应用回路

2. 换向型控制阀

换向型控制阀利用主阀芯的运动而使气流改变运动方向，其结构和工作原理与液压换向阀相似，图形符号也基本相同，这里不再赘述。图 10-25 所示为几种不同控制方式的换向阀的图形符号。

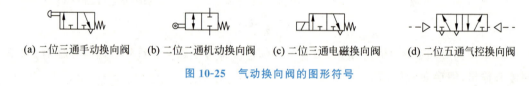

(a) 二位三通手动换向阀　(b) 二位二通机动换向阀　(c) 二位三通电磁换向阀　(d) 二位五通气控换向阀

图 10-25 气动换向阀的图形符号

10.2.2 压力控制阀

压力控制阀主要用来控制系统中压缩空气的压力，以满足系统不同压力的需求。压力控制阀主要有减压阀、溢流阀和顺序阀三种。

1. 减压阀

气动系统与液压系统不同，一个气源系统输出的压缩空气通常可供多台气动装置使用，而且储存在储气罐中的压缩空气的压力一般较高，同时压力波动也较大，因此每台气动装置的供气压力都需要用减压阀来减压，并保持压力稳定，因此减压阀是气动系统中必不可少的调压元件。在需要提供精确气源压力和信号压力的场合，如气动测量装置，需要采用高精度减压阀，即定值器，对于这类压力控制阀，当输入压力在一定范围内改变时，能保持输出压力不变。

按调节压力方式的不同,减压阀有直动式和先导式两种。

1) 直动式减压阀

图 10-26 所示为 QTY 型直动式减压阀的结构。当顺时针旋转手柄 1,经调压弹簧 2、3 推动膜片 5 下凹,再通过阀杆 6 带动阀芯 9 下移,打开进气阀口 11,压缩空气通过进气阀口 11 的节流作用,使输出压力低于输入压力,这就是减压作用。在压缩空气从输出口输出的同时,有一部分气流经过阻尼孔 7 进入膜片室 12,在膜片 5 的下方产生一个向上的推力,当此力与弹簧向下的作用力平衡时,阀口的开度就稳定在某一值上,减压阀就有一个确定的压力值输出。进气阀口 11 开度越小,节流作用越强,压力下降也越多。

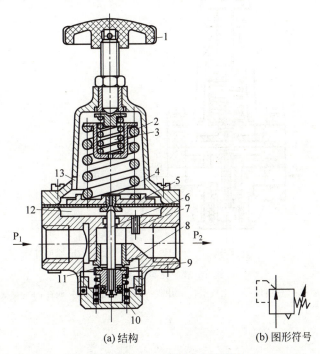

(a) 结构　　(b) 图形符号

图 10-26　QTY 型直动式减压阀

1—手柄;2、3—调压弹簧;4—溢流孔;5—膜片;6—阀杆;7—阻尼孔;8—阀座;
9—阀芯;10—复位弹簧;11—进气阀口;12—膜片室;13—排气口

如果输入压缩空气的压力升高,瞬间输出压力也随之升高,膜片室内的压力也升高,破坏了原有的平衡,使膜片 5 上移,同时阀芯 9 在复位弹簧 10 的作用下也随之上移,进气阀口 11 开度减小,即节流阀口通流面积减小,节流能力增强,压缩空气输出压力下降,使膜片两端作用力重新平衡,输出压力恢复到接近原来的调定值。反之,输入压缩空气压力下降时,进气节流阀口开度增大,节流作用减小,输出压力上升,通过反馈,使输出压力稳定地接近原来的调定值。当输入压缩空气压力低于调定值时,减压阀不起作用。

2) 先导式减压阀

图 10-27 所示为先导式减压阀的结构,它由先导阀和主阀两部分组成。当压缩空气从进气口流入阀体后,气流的一部分经进气阀口 9 流向输出口,另一部分经恒节流口 1 进入中气室 5,经喷嘴 2、挡板 3、上气室 4、右侧孔道反馈至下气室 6,再经阀杆 7 中心孔及排气孔 8 排至大气。把手柄旋到一定位置,使喷嘴挡板的距离在工作范围内,减压阀就进入工作状

态。中气室 5 的压力随喷嘴与挡板间的距离减小而增大,此压力在膜片上产生的作用力相当于直动式减压阀的弹簧力。调节手柄,控制喷嘴与挡板间的距离,即能实现减压阀在规定的范围内工作。当输入压力瞬时升高时,输出压力也相应升高,通过孔口的气流使下气室 6 内的压力也升高,破坏了膜片原有的平衡,使阀杆 7 上移,节流阀口减小,节流作用增强,输出压力下降,使膜片两端作用力重新平衡,输出压力恢复到原有的调定值。当输出压力瞬时下降时,经喷嘴挡板的放大,也会引起中气室 5 的压力明显升高而使阀杆下移,阀口开大,输出压力上升,并且稳定在原有的调定值上。

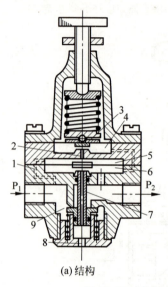

(a) 结构　　　　　　(b) 图形符号

图 10-27　先导式减压阀

1—恒节流口;2—喷嘴;3—挡板;4—上气室;5—中气室;6—下气室;7—阀杆;8—排气孔;9—进气阀口

2. 溢流阀

溢流阀的作用是当系统压力超过设定值时,便自动排气,使系统的压力下降,以保证系统能够安全可靠地工作,因此溢流阀也称为安全阀。

按控制方式不同,溢流阀有直动式和先导式两种,图 10-28 所示为直动式溢流阀的工作原理。直动式溢流阀阀口 P 与系统相连,当系统压力小于此阀的调定压力时,弹簧力使阀芯紧压在阀座上,如图 10-28(a) 所示,当系统压力大于此阀的调定压力时,则阀芯开启,压缩空气从 O 口排放到大气中,如图 10-28(b) 所示。此后,当系统中的压力降低到阀门的调定值时,阀门关闭。调节弹簧的预紧力,即可改变阀的开启压力。图 10-28(c) 所示为其图形符号。

先导式溢流阀如图 10-29 所示,其先导阀为减压阀,经它减压后的压缩空气从上部 K 口进入阀内,以代替直动式中的弹簧来控制溢流阀。先导式溢流阀适用于管路通径较大 (15mm 以上) 及实施远距离控制的场合。

3. 顺序阀

顺序阀是靠气路中的压力变化控制执行元件顺序动作的压力控制阀,图 10-30 所示为

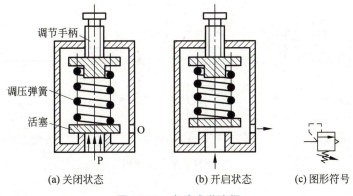

(a) 关闭状态　　(b) 开启状态　　(c) 图形符号

图 10-28　直动式溢流阀

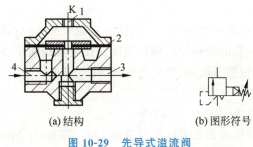

(a) 结构　　　　　(b) 图形符号

图 10-29　先导式溢流阀

1—先导控制口；2—膜片；3—排气口；4—进气口

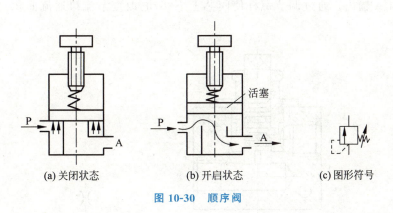

(a) 关闭状态　　(b) 开启状态　　(c) 图形符号

图 10-30　顺序阀

顺序阀的工作原理。当 P 口压力达到或超过开启压力时，阀芯被顶开，于是顺序阀开启，A 口有输出；反之，A 口无输出。

顺序阀很少单独使用，通常与单向阀结合成一体，构成单向顺序阀。图 10-31 所示为单向顺序阀的工作原理，当压缩空气由 P 口进入，显然单向阀处于关闭状态；当气压力小于弹簧力时，阀处于关闭状态，A 口无输出；当气压力大于弹簧力时，阀芯被顶起，阀呈开启状态，压缩空气经顺序阀从 A 输出，如图 10-31(a) 所示。当压缩空气由 A 口进入，压缩空气直接顶开单向阀，压缩空气经单向阀从 P 口输出，如图 10-31(b) 所示。单向顺序阀的图形符号如图 10-31(c) 所示。

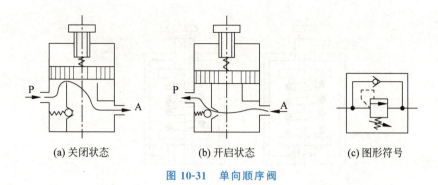

(a) 关闭状态　　(b) 开启状态　　(c) 图形符号

图 10-31　单向顺序阀

10.2.3　流量控制阀

在气动系统中，经常要求控制气动执行元件的运动速度，这是靠调节压缩空气的流量来实现的。用来控制气体流量的阀称为流量控制阀。流量控制阀是通过改变阀的通流截面积实现流量控制的元件，它包括节流阀、单向节流阀、排气节流阀等。

1. 节流阀

节流阀通过改变阀的通流面积来调节流量的大小，图 10-32 所示为节流阀的结构，它由阀体、阀座、阀芯和调节螺杆组成。气体从输入口 P 进入阀内，经过阀座与阀芯间的节流口，从输出口 A 输出。通过调节螺杆使阀芯上下移动，改变节流口通流面积，实现流量的调节。

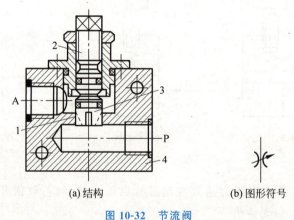

(a) 结构　　(b) 图形符号

图 10-32　节流阀

1—阀座；2—调节螺杆；3—阀芯；4—阀体

2. 单向节流阀

单向节流阀是由单向阀和节流阀组合而成的组合式控制阀。

图 10-33 所示为单向节流阀的工作原理。当气流由 P 至 A 正向流动时，单向阀在弹簧和气压作用下关闭，气流只能从节流口流向出口 A，流量由节流阀节流口的大小决定。当气

流由 A 至 P 反向流动时,单向阀打开,气体自由流到 P 口,不起节流作用。

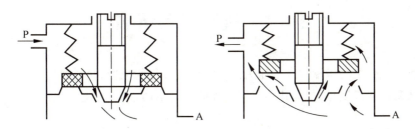

图 10-33　单向节流阀工作原理

图 10-34 所示为单向节流阀的结构。若用单向节流阀控制气缸的运动速度,安装时应尽量靠近气缸。在回路中安装单向节流阀时注意不要将方向装反。为了提高气缸运动的稳定性,应按出口节流方法安装单向节流阀。

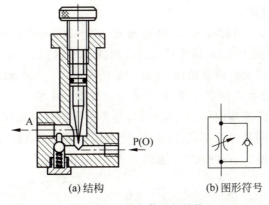

图 10-34　单向节流阀结构

3. 排气节流阀

排气节流阀是带消声器件的节流阀,使用时安装在元件的排气口,用来控制执行元件的运动速度并降低排气口的噪声。图 10-35 所示为排气节流阀的结构,它是通过调节节流口的通流面积来调节排气流量的,由消声套 4 来减小排气噪声。排气节流阀通常安装在换向阀的排气口处,与换向阀联用。

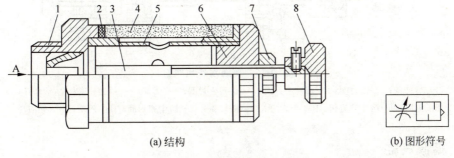

图 10-35　排气节流阀的结构
1—阀座;2—密封圈;3—阀芯;4—消声套;5—阀套;6—锁紧法兰;7—锁紧螺母;8—旋柄

10.3 气动执行元件

气动执行元件是将压缩空气的压力能转换为机械能的装置,它包括气缸和气马达,气缸用于直线往复运动或摆动,气马达用于实现连续回转运动。

10.3.1 气缸

在气动系统中,气缸具有结构简单、成本低、安装方便等优点,是应用最广泛的一种执行元件。无论从技术角度还是成本角度,气缸作为执行元件都是完成直线运动的最佳形式。如同用电动机完成旋转运动一样,气缸作为线性驱动可在空间的任意位置组建它所需要的运动轨迹,并可进行无级调速。

气缸的推力在 1.7~48230N,常规速度在 50~500mm/s,标准气缸活塞可达到 1500mm/s,冲击气缸达到 10m/s,特殊状况的高速甚至可达 32m/s。气缸的低速平稳,目前可达 3mm/s,如与液压阻尼缸组合使用,气缸的最低速度可达 0.5mm/s。

气缸的种类很多,分类方法也不同,常见的分类有以下几种。
(1) 按压缩空气对活塞端面作用力的不同,分为单作用气缸和双作用气缸。
(2) 按结构特点不同分为活塞式、薄膜式、柱塞式和摆动式气缸等。
(3) 按功能分为普通式、缓冲式、气-液阻尼式、冲击和步进气缸等。

1. 普通气缸

普通气缸为活塞式气缸,其结构与普通液压缸基本相同,主要由缸筒、活塞、活塞杆、前后端盖及密封元件组成。图 10-36 所示为普通双作用气缸的结构图,此类气缸结构和参数已系列化、标准化、通用化,是目前应用最为广泛的一种气缸。

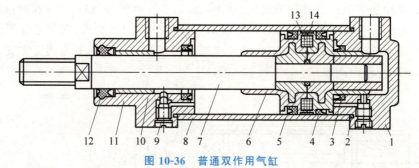

图 10-36 普通双作用气缸

1—后缸盖;2—密封圈;3—缓冲密封圈;4—活塞密封圈;5—活塞;6—缓冲柱塞;7—活塞杆;8—缸筒;9—缓冲节流阀;10—导向套;11—前缸盖;12—防尘密封圈;13—磁铁;14—导向环

2. 薄膜气缸

图 10-37 所示为薄膜气缸,主要由缸体、膜片、膜盘和活塞杆等组成,它分单作用式和双

作用式两种。图 10-37(a)为单作用式,其工作原理是:当压缩空气进入气缸的左腔时,膜片 3 在气压作用下产生变形,使活塞杆 2 伸出,撤掉压缩空气后,活塞杆 2 在弹簧的作用下缩回,使膜片复位。图 10-37(b)为双作用式,靠气压回程。

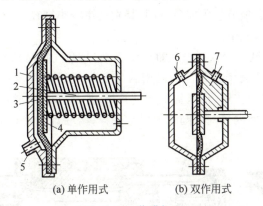

图 10-37　薄膜气缸

1—缸体;2—活塞杆;3—膜片;4—膜盘;5—进气口;6、7—进、出气口

薄膜气缸具有结构紧凑、成本低、重量轻、寿命长、密封性能好等优点,但是膜片的变形量有限,故其行程较短,一般不超过 50mm。薄膜气缸常用在汽车刹车装置、自锁机构和夹具上。

3. 气-液阻尼气缸

气-液阻尼气缸由气缸和液压缸组合而成,它以压缩空气为能源,利用油液的不可压缩性控制流量,从而获得活塞的平稳运动,并通过控制油液排量调节活塞的运动速度。

图 10-38 所示为串联式气-液阻尼缸的工作原理图。液压缸和气缸串联成一体,两个活塞固定在一个活塞杆上。当气缸右腔进气时,带动液压缸活塞向左运动,此时液压缸左腔排油,油液只能经节流阀缓慢流向右腔,调节节流阀就能调节活塞运动速度。当压缩空气进入气缸的左腔时,液压缸右腔排油,单向阀开启,活塞快速退回。

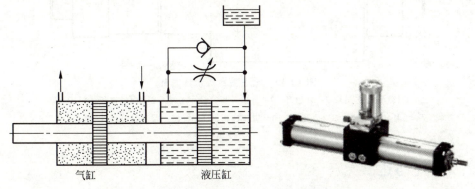

图 10-38　串联式气-液阻尼缸

与普通气缸相比,气-液阻尼气缸传动平稳、停位准确、噪声小。与液压缸相比,它不需要液压源,经济性好。它同时具有了气动和液压的优点,因此得到了越来越广泛的应用。

4. 无杆气缸

无杆气缸不具有普通气缸的刚性活塞杆,它是利用活塞直接或间接实现往复直线运动的,这种气缸最大的优点是节省了安装空间,特别适用于小缸径、大行程的场合,并广泛应用在自动化系统、气动机器人中。

图 10-39 所示为机械耦合式无杆气缸的结构,它是在气缸筒轴向开有一条槽缝,为保障开槽处的密封,设有内外侧密封带。内侧密封带 3 靠气压将其压在缸筒内壁上,起密封作用。外侧密封带 4 起防尘作用,活塞轭 7 穿过长槽,把活塞 5 和滑块 6 连成一体,活塞带动与负载相连的滑块 6 在槽内移动。与普通气缸一样,两端盖上带有缓冲装置。

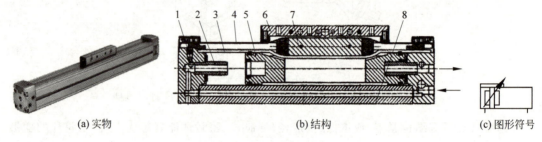

(a)实物　　　　(b)结构　　　　(c)图形符号

图 10-39　机械耦合式无杆气缸

1—节流阀；2—缓冲柱塞；3—内侧密封带；4—外侧密封带；5—活塞；6—滑块；7—活塞轭；8—缸筒

图 10-40 所示为磁性耦合式无杆气缸,它由缸体、活塞组件和移动支架组件三部分组成,其中活塞组件中有内磁环 4,移动支架组件中有外磁环 2,内、外磁环产生磁性吸力,当压缩空气推动活塞组件运动时带动移动支架组件运动。

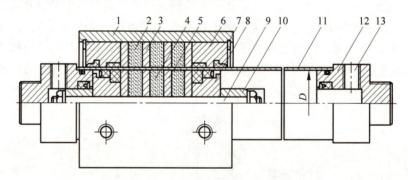

图 10-40　磁性耦合式无杆气缸

1—套筒(移动支架)；2—外磁环；3—外磁导板；4—内磁环；5—内导磁板；6—压盖；
7—卡环；8—活塞；9—活塞轴；10—缓冲柱塞；11—缸筒；12—端盖；13—气口

10.3.2　气马达

气马达按结构形式可分为叶片式、活塞式、齿轮式等,其工作原理与液压马达相似,这里仅以叶片式气马达的工作原理为例做一简要说明。

图 10-41 是叶片式气马达工作原理图。叶片式马达一般有 3~10 个叶片,它们可以在

转子的径向槽内活动。转子和输出轴固联在一起,装入偏心的定子中。当压缩空气从 A 口进入定子腔后,一部分进入叶片底部,将叶片推出,使叶片在气压推力和离心力综合作用下,抵在定子内壁上。另一部分进入密封工作腔作用在叶片的外伸部分,产生力矩。由于叶片外伸面积不等,转子受到不平衡力矩而逆时针旋转。做功后的气体由定子孔 C 排出,剩余残余气体经孔 B 排出。改变压缩空气的输入进气孔(B 孔进气)则反向旋转。

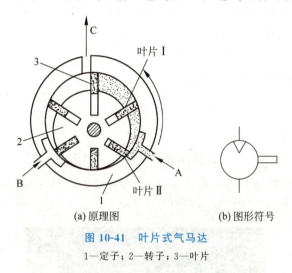

(a) 原理图　　　(b) 图形符号

图 10-41　叶片式气马达

1—定子；2—转子；3—叶片

实训项目：拆装气缸

实训目的

(1) 通过拆装普通气缸,掌握气缸的结构。
(2) 加深理解气缸的工作原理。

实训工具设备及材料

普通气缸、扳手、卡簧钳、砂纸、SMC 气缸润滑油、清洁布。

实训内容

拆装普通气缸,对气缸进行结构分析,了解气缸的工作原理。

实训步骤

(1) 明确拆装注意事项。
(2) 找到与气缸配套的密封圈。
(3) 拆下外缸盖,再拆下卡簧,然后取出活塞杆,最后拆下密封圈,同时,标记每个拆下的零件。
(4) 清洁所有的零件,并按标记顺序组装。

复习与思考

(1) 气源装置由哪些元件组成？
(2) 气动方向阀有哪几种类型？各自的功能是什么？
(3) 什么是气动三联件？每个元件起什么作用？
(4) 简述常见气缸的类型、功能和用途。
(5) 快速排气阀为什么能快速排气？

中国制造："奋斗者"号

2020年11月10日，中国万米载人深潜器"奋斗者"号（图10-42）在西太平洋马里亚纳海沟创造了10909m的中国载人深潜新纪录。

图10-42 "奋斗者"号

针对超高压复杂环境，"奋斗者"号采用多系统融合集成设计，使潜浮速度、舱内空间使用率等指标大幅提升，同时通过载人舱实时监测和评估策略，实现潜水器优良的机动性能和安全性能。载人舱球壳采用了中国科学院金属研究所钛合金团队自主发明的Ti62A钛合金新材料，突破了材料、成型、焊接等一系列关键技术瓶颈。潜水器使用了中国科学院沈阳自动化研究所研发的两套主从伺服液压机械手开展万米作业，每套手有7个关节，可实现6自由度运动控制，持重能力超过60kg，能够覆盖采样篮及前部作业区域，具有强大的作业能力。这双机械手在深渊海底顺利完成了岩石、生物抓取及沉积物取样操作等精准作业任务,填补了我国应用全海深液压机械手开展万米作业的空白。水声通信是"奋斗者"号与母船"探索一号"之间沟通的唯一桥梁,实现了潜水器从万米海底至海面母船的文字、语音及图像的实时传输。浮力材料采用一种高强空心玻璃微球,兼顾了材料密度与强度,实现了浮力材料的重大突破。

"奋斗者"号研制及海试的成功标志着我国具有了进入世界海洋最深处开展科学探索和研究的能力。相信未来在探索地球第四极的道路上,一定会留下更多的中国足迹。

第 11 章 气动基本回路

第 11 章微课视频

与液压系统一样,气动系统无论多么复杂,都是由一些特定功能的基本回路组成。气动基本回路按功能可分为方向控制回路、压力控制回路、速度控制回路等。

11.1 方向控制回路

方向控制回路是用来控制系统中执行元件起动、停止或改变运动方向的回路,常用的是换向回路。

1. 单作用气缸的换向回路

图 11-1 所示为电磁换向阀控制的换向回路。当电磁阀通电时,气缸活塞杆在压缩空气作用下,向右伸出;当电磁阀断电时,气缸活塞杆在弹簧力的作用下立即缩回。

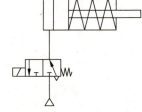

图 11-1 单作用气缸的换向回路

2. 双作用气缸的换向回路

图 11-2(a)所示为二位四通电磁换向阀控制的换向回路。图 11-2(b)所示为三位四通手动换向阀控制的换向回路,该回路中气缸可在任意位置停留。

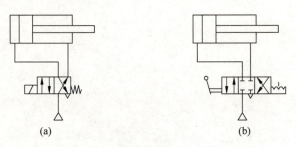

图 11-2 双作用气缸的换向回路

11.2 压力控制回路

1. 气源压力控制回路

图 11-3 所示为气源压力控制回路,用于控制气源系统中气罐的压力,使之不超过规定值。通常在储气罐上安装一个安全阀,一旦罐内压力超过规定压力,就通过安全阀向外放气。也常在储气罐上安装一个电接触压力表,一旦罐内压力超过规定压力时,就控制压缩机断电,不再供气。

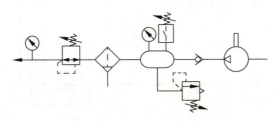

图 11-3 气源压力控制回路

2. 工作压力控制回路

工作压力控制回路是每台气动装置气源入口处的压力调节回路。如图 11-4 所示,从压缩空气站出来的压缩空气,经空气过滤器、减压阀、油雾器出来后,供给气路设备使用。

3. 高低压转换回路

高低压转换回路如图 11-5 所示,由两个减压阀和一个换向阀组成,可以由换向阀控制,得到输出高压或低压气源,若去掉换向阀,就可以同时得到输出高压和低压两种气源。

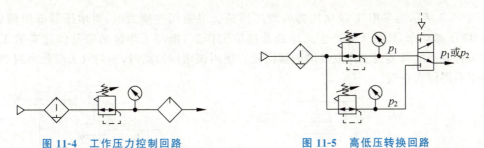

图 11-4 工作压力控制回路   图 11-5 高低压转换回路

4. 远程多级压力控制回路

图 11-6 所示为采用远程调压阀的多级压力控制回路。该回路中的远程调压阀 1 的先导压力通过三个二位三通电磁换向阀 2、3、4 的切换来控制,可根据需要设定低、中、高三种先导压力。在进行压力切换时,必须用电磁换向阀 5 将先导压力泄压,然后再选择新的先导压力。

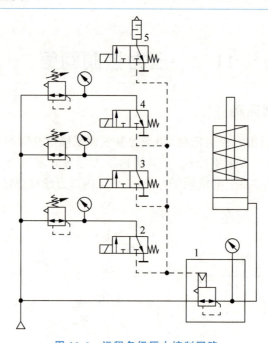

图 11-6　远程多级压力控制回路

1—远程调压阀；2~5—二位三通电磁换向阀

5. 双压驱动回路

在气动系统中，有时需要提供两种不同的压力，来驱动双作用气缸在不同方向上的运动。图 11-7 所示为双压驱动回路。当电磁换向阀 2 断电时，系统采用正常压力驱动活塞杆伸出，对外做功；当电磁换向阀 2 通电时，气体经减压阀 3、快速排气阀 4 进入气缸有杆腔，以较低的压力驱动气缸缩回，达到节省耗气量的目的。

6. 采用气-液增压器的增压回路

图 11-8 所示为采用气-液增压器的增压回路。电磁阀左侧通电，对增压器低压侧施加压力，增压器动作，其高压侧产生高压油并供给工作缸，推动工作缸活塞动作并夹紧工件。电磁阀右侧通电可实现工作缸及增压器回程。使用该增压回路时，油与气关联处密封要好，油路中不得混入空气。

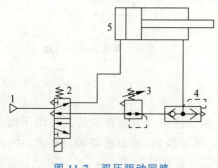

图 11-7　双压驱动回路

1—气源；2—电磁换向阀；3—减压阀；4—快速排气阀；5—气缸

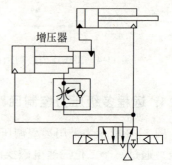

图 11-8　采用气-液增压器的增压回路

11.3 速度控制回路

1. 单向调速回路

图 11-9(a)所示为供气节流调速回路,图 11-9(b)所示为排气节流调速回路,二者都是通过单向节流阀控制其供气或排气量,从而控制气缸的运动速度。

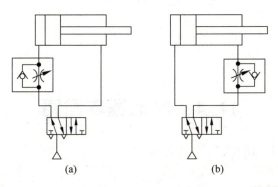

图 11-9 单向调速回路

2. 双向调速回路

双向调速回路在气缸的进、排气口均设置单向节流阀,其气缸活塞两个运动方向上的速度都可以调节。图 11-10(a)所示为空气节流调速回路,图 11-10(b)所示为排气节流调速回路,图 11-10(c)所示为节流阀与换向阀配合使用的排气调速回路。

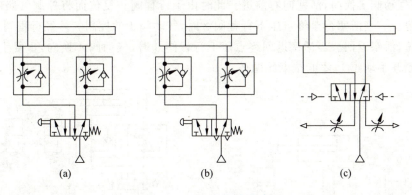

图 11-10 双向调速回路

3. 速度换接回路

速度换接回路用于执行元件快、慢速之间的换接。图 11-11 所示为二位二通行程阀控制的速度换接回路,三位五通电磁阀左端电磁铁通电时,气缸左腔进气,右腔直接经过二位二通行程阀排气,活塞杆快速前进,当活塞带动撞块压下行程阀时,行程阀关闭,气缸右腔只能通过单向节流阀再经过电磁阀排气,排气量受到节流阀的控制,活塞运动速度减慢,从而实现速度的换接。

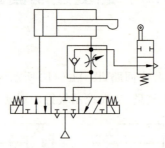

图 11-11 速度换接回路

11.4 其他基本回路

11.4.1 往复动作回路

1. 单往复动作回路

图 11-12 所示为行程阀控制的单往复动作回路。按下换向阀 1,换向阀 3 换向,活塞向右前进,当活塞杆带动撞块压下行程阀 2 时,换向阀 3 复位,活塞自动返回。

2. 连续往复动作回路

图 11-13 所示为连续往复动作回路。按下手动阀 1,控制气体经行程阀 3 到达气动阀 4 的右端,使气动阀 4 换向,活塞向右前进。此时由于行程阀 3 复位而将控制气路断开,气动阀 4 不能复位。当活塞行至终点压下行程阀 2 时,气动阀 4 的控制气体经行程阀 2 排出,气动阀 4 复位,活塞返回。当活塞返回终点压下行程阀 3 时,气动阀 4 换向,重复上一循环动作。只有断开手动阀 1,才能结束此循环。

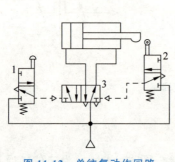

图 11-12 单往复动作回路
1、3—换向阀;2—行程阀

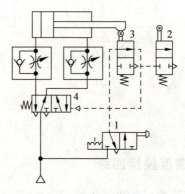

图 11-13 连续往复动作回路
1—手动阀;2、3—行程阀;4—气动阀

11.4.2 安全保护回路

1. 自锁回路

图 11-14 所示为典型的自锁回路,只有同时操作手动阀 1 和 2,换向阀 3 才换向,气缸活塞才能下落。注意手动阀 1 和 2 应安装在单手不能同时操作的位置上。在锻造、冲压机等机械设备中必须要有安全保护回路,以保证操作人员双手的安全。

2. 过载保护回路

图 11-15 所示为过载保护回路。当气缸活塞向右运动,左腔压力升高超过预定值时,顺序阀 3 打开,控制气流经梭阀使换向阀 1 置于右位,使活塞返回,防止系统过载。

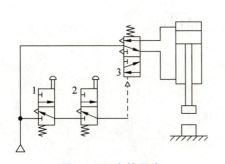

图 11-14 自锁回路

1、2—手动阀;3—换向阀

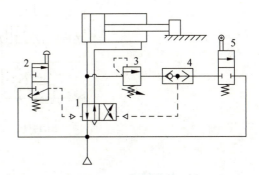

图 11-15 过载保护回路

1—换向阀;2—手动换向阀;3—顺序阀;
4—或门型梭阀;5—行程阀

11.4.3 计数回路

计数回路可以组成二进制计数器。如图 11-16 所示,按下阀 1,气信号经阀 2 至阀 4 的左位或右位控制端使气缸推出或退回。设按下手动换向阀 1 时,气信号经手动换向阀 2 至阀 4 的左端使阀 4 换至左位,同时使阀 5 切断气路,此时气缸向外伸出;当手动换向阀 1 复位后,原通入阀 4 左控制端的气信号经手动换向阀 1 排空,阀 5 复位,于是气缸无杆腔的气经 5 至阀 2 左端,使 2 换至左位等待阀 1 的下一次信号输入。当手动换向阀 1 第 2 次按下后,气信号经阀 2 的左位至阀 4 的右控制端使阀 4 换至右位,气缸退回,同时阀 3 将气路切断,待阀 1 复位后,阀 4 右控制端信号经阀 2、手动换向阀 1 排空,阀 2 复位并将气导至阀 2 左端使其换至右位,再次等待手动换向阀 1 的下一次信号输入。因

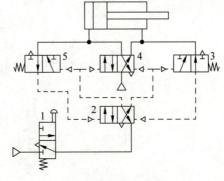

图 11-16 计数回路

1—手动换向阀;2、4—二位四通气控换向阀;
3、5—二位三通气控换向阀

此，第 1、3、5…次（奇数）按手动换向阀 1，则气缸伸出；第 2、4、6…次（偶数）按手动换向阀 1，则气缸退回。

11.4.4 增力回路

在气动系统中，力的控制除了可以通过改变输入气缸的工作压力来实现外，还可以通过改变有效作用面积实现力的控制。图 11-17 所示为利用串联气缸实现多级力控制的增力回路，串联气缸的活塞杆上连接有数个活塞，每个活塞的两侧可分别供给压力。通过对电磁阀的通电个数进行组合，可实现气缸的多级力输出。

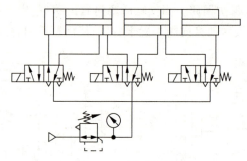

图 11-17　增力回路

11.4.5 冲击回路

冲击回路是利用气缸的高速运动给工件以冲击的回路。如图 11-18 所示，此回路由储存压缩空气的储气罐 1、快速排气阀 4 及操纵气缸的换向阀 2、3 等元件组成。气缸在初始状态时，由于机动换向阀处于压下状态，即上位工作，气缸有杆腔通大气。二位五通电磁阀通电后，二位三通气控阀换向，气罐内的压缩空气快速流入冲击气缸，气缸启动，快速排气阀排气，活塞以极高的速度运动，活塞的动能可以对工件形成很大的冲击力。使用该回路时，应尽量缩短各元件与气缸之间的距离。

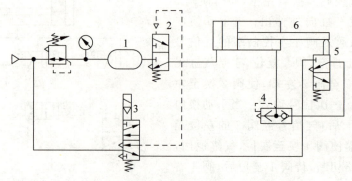

图 11-18　冲击回路
1—储气罐；2—气控换向阀；3—电磁换向阀；4—快速排气阀；5—行程阀；6—气缸

11.4.6 利用节流阀同步回路

图 11-19 所示为利用节流阀的出口节流调速同步回路。由单向节流阀 4、6 控制气缸 1、2 同步上升,由单向节流阀 3、5 控制气缸 1、2 同步下降。如果气缸缸径相对于负载来说足够大,工作压力足够高,则可以取得一定程度的同步效果。

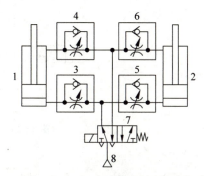

图 11-19　利用节流阀的同步回路
1、2—气缸；3~6—单向节流阀；7—换向阀；8—气源

实训项目：组建气动基本回路

实训目的

进一步熟悉各种气动基本回路的工作原理和分析方法,加强学生的动手能力。

实训设备

气动实验台。

实训内容

在老师指导下,在实验台上组建各种基本回路。
(1) 速度换接回路如图 11-20 所示。
(2) 双手同时操作回路如图 11-21 所示。
(3) 单往复运动回路如图 11-22 所示。
(4) 连续往复运动回路如图 11-23 所示。

实验步骤

(1) 依照气动回路图选择气压元件,并检查元件是否完好。
(2) 在看懂实验原理图的情况下,连接气动回路。
(3) 确认安装和连接正确后,运行系统,实现预定动作。

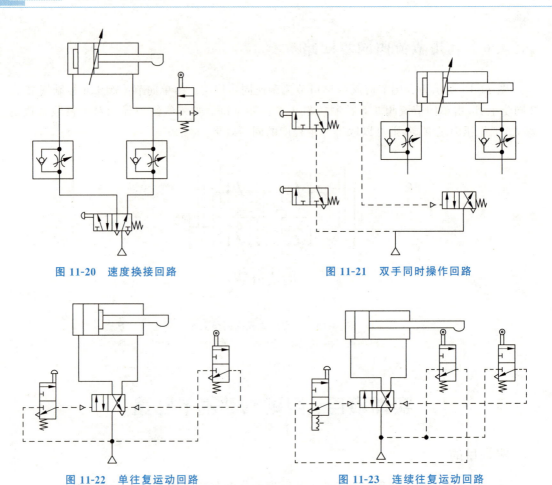

图 11-20　速度换接回路

图 11-21　双手同时操作回路

图 11-22　单往复运动回路

图 11-23　连续往复运动回路

（4）实验完毕，关闭气源，拆卸回路，清理元器件，并放回规定的位置。

复习与思考

1. 简述常见气动压力控制回路及其用途。
2. 试利用气缸、单向节流阀、行程阀等元件组成一个能实现"快进→工进→快退"的自动工作循环回路。
3. 试用顺序阀构成一个双缸顺序动作回路。

中国制造：世界上最大规格的数控车床

武汉重型机床集团打造的 DL250 型 5m 数控超重型卧车（图 11-24）是具有完全自主知识产权的重大国产化装备，总重达 1450t，其最大回转直径达 5m，承重量可达 500t，是迄今为止世界上最大规格的超重型数控卧式车床。

图 11-24　DL250 型数控超重型卧车

超重型高精度静压托主轴箱是 DL250 的核心技术,也是该机床实现大承重、高精度的关键。机床两顶尖最大工件重量达到了 500t,为世界之最。同时,直径为 1000mm 的主轴箱主轴径向跳动达到了 0.006mm,处于世界领先水平。另外,还有主轴箱结构、静压托结构、变频恒流静压轴承和液压控制系统、主轴箱设计与制造工艺等多项创新。

该装备制造成功将对提升我国能源发电、远洋船舶的制造水平产生巨大影响。

第 12 章 典型气动系统

第 12 章微课视频

12.1 气液动力滑台气动系统

气液动力滑台采用气-液阻尼缸作为执行元件,在它的上面可以安装单轴头、动力箱或工件等,它常用在机床中作为实现进给运动的部件。

图 12-1 所示为气-液动力滑台的回路原理图。该回路通过手动阀 4 的控制,可以实现下面两种工作循环。

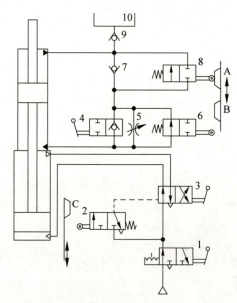

图 12-1　气-液动力滑台的回路原理图
1、3、4—手动阀；2、6、8—行程阀；5—节流阀；7、9—单向阀；10—油杯；A、B、C—挡铁

(1) 快进→工进→快退→停止：将手动阀 4 置于右位(图示状态),当手动阀 3 切换到右位时,在压缩空气作用下,气缸开始下行,液压缸下腔的油液经行程阀 6 和单向阀 7 进入液压缸的上腔,实现快进；当快进到气缸上的挡铁 B 压下行程阀 6 后,油液只能经节流阀 5 进

行回油,调节节流阀的开度,可以调节回油油量的大小,从而控制气-液阻尼缸的运动速度,实现工进;当气缸工进到行程阀 2 的位置时,挡铁 C 压下行程阀 2,使行程阀 2 处于左位,行程阀 2 输出气信号使手动阀 3 换向置于左位,这时气缸开始上行,液压缸上腔油液经行程阀 8 的左位和手动阀 4 的右位进入液压缸的下腔,实现快退;当快退到挡铁 A 压下行程阀 8 时,油液的回油通道被切断,气缸停止运动,改变挡铁 A 的位置,就可以改变气缸停止的位置。

(2) 快进→工进→慢退→快退→停止:将手动阀 4 置于左位,可以实现该动作循环。其动作循环中的快进→工进过程的工作原理与上述相同。当工进至挡铁 C 压下行程阀 2,气缸开始上行时,液压缸上腔油液经行程阀 8 的左位和节流阀 5 进入液压缸的下腔,实现慢退;当慢退到挡铁 B 离开行程阀 6 时,行程阀 6 在复位弹簧作用下复位(至左位),液压缸上腔油液经行程阀 8 的左位和行程阀 6 的左位进入液压缸的下腔,实现快退;当快退到挡铁 A 压下行程阀 8 时,油液的回油通道被切断,气缸停止运动。

12.2　机床夹具的气动夹紧系统

图 12-2 所示为机床夹具的气动夹紧系统的回路原理图。它是由三个气缸组成,可完成以下动作过程:垂直气缸 A 先下降将工件压紧,两侧水平气缸 B、C 再同时对工件夹紧,然后对工件进行切削加工。加工完毕后,各夹紧气缸退回原位,松开工件。

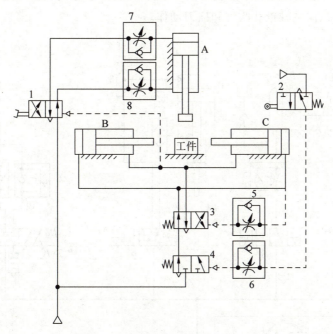

图 12-2　气动夹紧系统的回路原理图

1—脚踏换向阀;2—行程阀;3、4—换向阀;5~8—单向节流阀;A—垂直气缸;B、C—水平气缸

其动作过程如下。

(1) 压紧工件:踏下脚踏换向阀 1,使其置于左位,压缩空气经阀 1 左位,再经单向节流

阀 7 中的单向阀进入到气缸 A 的上腔,缸 A 下腔经阀 8 中的节流阀,再经阀 1 左位进行排气,气缸 A 下行实现对工件的压紧。

(2) 两侧夹紧工件:当缸 A 下移到预定位置时,压下行程阀 2,使其置于左位,控制气体经行程 2 和阀 6 中的节流阀使阀 4 换向,置于右位,此时系统中的气路走向是:压缩空气经阀 4 和阀 3 进入到缸 B 的左腔和缸 C 的右腔,缸 B 右腔和缸 C 左腔经阀 3 进行排气,从而使缸 B 和缸 C 的活塞杆伸出,实现从两侧夹紧工件。

(3) 松开工件,退回原位:在缸 B 和缸 C 伸出夹紧工件的同时,一部分压缩空气作为控制气体通过单向节流阀 5 到达阀 3 的右端,经一段时间后,阀 3 换向,置于右位,从而使缸 B 和缸 C 退回,松开工件。

在缸 B 和缸 C 松开工件的同时,压缩空气经阀 3 进入阀 1 的右端,成为阀 1 的控制气体,使阀 1 换向,置于右位,从而使缸 A 退回,松开工件。

在系统中,当调节阀 6 中的节流阀时,可以控制阀 4 的换向时间,确保缸 A 先压紧,调节阀 5 中的节流阀时,可以控制阀 3 的换向时间,确保有足够的切削加工时间;当调节阀 7、8 中的节流阀时,可以调节缸 A 的上、下运动速度。

12.3　数控加工中心气动换刀系统

图 12-3 所示为某数控加工中心气动换刀系统原理图,该系统在换刀过程中实现主轴定位、主轴松刀/拔刀、向主轴锥孔吹气和插刀动作。

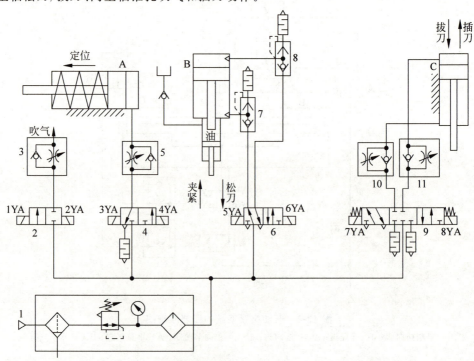

图 12-3　数控加工中心气动换刀系统原理图

1—气动三联件;2、4、6、9—换向阀;3、5、10、11—单向节流阀;7、8—快速排气阀;A、B、C—气缸

其动作原理为：当数控系统发出换刀指令时，主轴停止旋转，同时4YA通电，压缩空气经气动三联件1、换向阀4、单向节流阀5进入主轴定位缸A的右腔，缸A的活塞左移，使主轴自动定位。定位后压下无触点开关，使6YA通电，压缩空气经换向阀6、快速排气阀8进入气液增压缸B的上腔，增压腔的高压油使活塞伸出，实现主轴松刀，同时使8YA通电，压缩空气经换向阀9、单向节流阀11进入缸C的上腔，缸C下腔排气，活塞下移实现拔刀。

回转刀库交换刀具，同时1YA通电，压缩空气经换向阀2、单向节流阀3向主轴锥孔吹气，稍后1YA断电，2YA通电，停止吹气，8YA断电，7YA通电，压缩空气经换向阀9、单向节流阀10进入缸C的下腔，活塞上移，实现插刀动作。6YA断电，5YA通电，压缩空气经换向阀6进入气液增压缸B的下腔，使活塞退回，主轴的机械机构使刀具夹紧。4YA断电，3YA通电，缸A的活塞在弹簧力作用下复位，恢复到开始状态，换刀结束。

12.4　公共汽车车门气动系统

采用气动控制的公共汽车车门，需要司机和售票员都可以开门，这样就必须在司机座位和售票员座位处都装有气动开关，并且当车门在关闭的过程中遇到障碍物时，车门能够马上打开，起到安全保护的作用。

图12-4所示为公共汽车车门气动系统原理图。车门的开关靠气缸7实现，气缸由双气控换向阀4控制，而双气控换向阀又由A～D的按钮手动阀操纵，气缸运动速度的快慢通过调节单向节流阀5或阀6控制。通过阀A或阀B使车门开启，通过阀C或阀D使车门关闭。起安全作用的先导阀8安装在车门上。

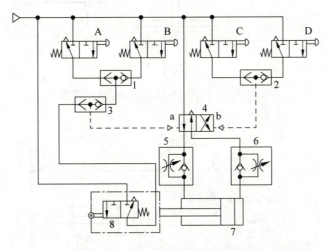

图12-4　公共汽车车门气动系统原理图

1～3—梭阀；4—双气控换向阀；5、6—单向节流阀；7—气缸；8—机动换向阀（先导阀）；
A～D—按钮手动阀

当操纵阀A或B时，气源压缩空气经阀A或阀B到阀1或阀2，把控制信号送到阀4的a侧，使阀4向车门开启方向切换。气源压缩空气经阀4和阀6到气缸的有杆腔，使车门开启。

当操纵阀C和D时，气源压缩空气经阀C或阀D到阀2，把控制信号送到阀4的b侧，使阀4向车门关闭方向切换。气源压缩空气经阀4和阀6到气缸的无杆腔，使车门关闭。

车门在关闭的过程中如碰到障碍物,便推动阀8,此时气源压缩空气经阀8把控制信号通过阀3送到阀4的a侧,使阀4向车门开启方向切换。必须指出,如果阀C或阀D仍然保持在压下状态,则阀8起不到自动开启车门的安全作用。

12.5 工件尺寸自动分选机

工件尺寸自动分选机如图12-5所示,它能够将生产线上超规格的工件自动剔除,结构简单、成本低,适用于测量一般精度工件。图12-6为气动系统图。当工件通过通道时,尺寸大到某一范围的工件通过空气喷嘴传感器S_1时产生信号,使5上位工作,把主阀4切换至左位,使气缸的活塞杆缩回,一方面打开门使该工件流入下通道,另一方面使止动销上升,防止后面工件继续流过产生误动作。落入下通道的工件经过传感器S_2时发出复位信号,阀2上位工作,使主阀4复位,使气缸的活塞杆伸出,门关闭,止动销退下,工件继续流动,尺寸小的工件通过S_1时,则不产生信号。

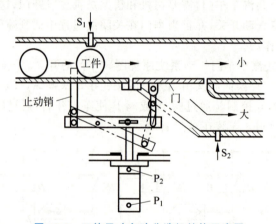

图12-5 工件尺寸自动分选机结构示意图

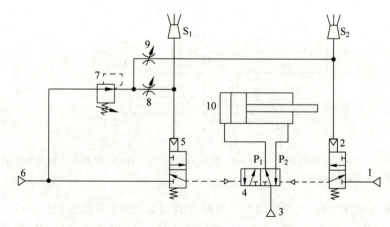

图12-6 工件尺寸自动分选机气动系统图

1、3、6—气源;2、5—二位三通换向阀;4—二位五通换向阀;7—减压阀;8、9—节流阀;10—气缸;S_1、S_2—传感器

实训项目：继电器控制的气动回路

实训目的

进一步熟悉气动控制回路的工作原理和分析方法，掌握电器元器件和气动元器件的安装方法，加强学生的动手能力。

实训设备

气动实验台。

实训内容

在教师指导下，在实验台上组建气动控制回路。

（1）单缸自动连续往复运动回路如图 12-7 所示。

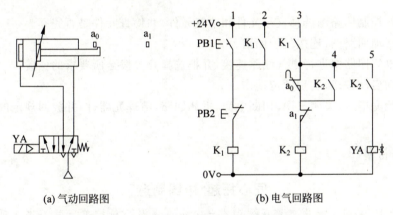

(a) 气动回路图　　(b) 电气回路图

图 12-7　单缸自动连续往复运动回路

（2）双缸顺序动作回路如图 12-8 所示。

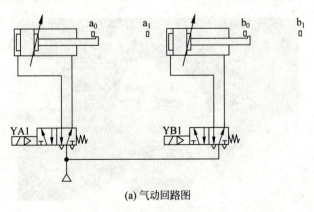

(a) 气动回路图

图 12-8　双缸顺序动作回路

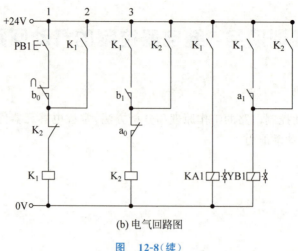

(b) 电气回路图

图 12-8（续）

实验步骤

（1）依照控制回路图选择气压元件和电气元件，并检查元件是否完好。
（2）按气动回路图，连接气动回路。
（3）按电气回路图进行电气线路连接，并把选择开关拨至所要求的位置。
（4）按动启动按钮，实现预定动作。
（5）实验完毕后，关闭气源，切断电源，拆卸回路，清理元器件，并放回规定的位置。

视野拓展

匠心托起"中国制造"

李斌（图 12-9）是上海电气液压气动有限公司液压泵厂数控工段的一名普通工人、共产党员。进厂 36 年来，本着"爱岗敬业、刻苦钻研、勇于创新、无私奉献"的精神，始终工作在生产一线。

图 12-9 李斌

在工厂工作的最初二十余年间,李斌和同事共完成工艺攻关230余项,自主设计刀具180多把,改进工装夹具80多副,完成工艺编程1600多个程序,开发新产品57项。他也由一名技校生转变成一位专家型技术工人,成为新一代智能型工人的楷模,具有高级技师、高级工程师职称,共五次获得上海市劳模、四次获得全国劳模,现兼任上海市总工会副主席、上海市机电工会副主席。

液压泵是李斌所在工厂的主要产品之一。受制于技术水平,曾经国产液压泵的最高转速在2000r/min以下,而世界最高水平达到6000r/min。为保证质量,我国高端工程机械配套的液压泵大部分依赖进口。面对这种情况,李斌和他的工作团队攻克"高压轴向柱塞泵/马达国产化关键技术"项目,使自产液压泵的工作压力由250kg上升到350kg,转速由1500r/min上升到6000r/min,主要技术性能达到了国内领先、国际先进水平。

36年与机器打交道,让李斌认识到工艺的重要性。一项技术从国外引进,引进的往往都是图纸。把图纸变成现实,需要的是工人师傅高超的工艺水平。李斌说:"想要练就高超的技术,需要沉稳的心态,顺其自然,不要患得患失,才能够有高超的手艺。"工匠精神在任何时候都不会过时,都应该是工人要坚守的精神阵地,这样才能有大作为。

参考文献

[1] 董林福,赵艳春,王树强.液压元件与系统识图[M].北京:化学工业出版社,2009.
[2] 张宏友.液压与气动技术[M].5版.大连:大连理工大学出版社,2018.
[3] 李松晶,丛大成,姜洪洲.液压系统原理图分析技巧[M].北京:化学工业出版社,2009.
[4] 刘延俊.液压回路与系统[M].北京:化学工业出版社,2009.
[5] 张春东.液压与气压传动[M].长春:吉林大学出版社,2018.
[6] 杨贵新,李新生.液压与气动技术项目教程[M].北京:北京航空航天大学出版社,2017.
[7] 毛好喜.液压与气动技术[M].北京:人民邮电出版社,2018.
[8] 刘家伦.液压与气动技术[M].北京:北京科学技术出版社,2010.
[9] 成大先.机械设计手册(第5卷)[M].6版.北京:化学工业出版社,2017.
[10] 宁辰校.液压传动入门与提高[M].北京:化学工业出版社,2020.
[11] 宁辰校.气动技术入门与提高[M].北京:化学工业出版社,2021.
[12] 张群生.液压与气动技术[M].4版.北京:机械工业出版社,2020.
[13] 车君华,李莉,商义叶.液压与气压传动技术项目化教程[M].北京:北京理工大学出版社,2019.
[14] 李新德.液压与气动技术[M].北京:机械工业出版社,2020.
[15] 刘银水,陈尧明,许福玲.液压与气动传动学习指导与习题册[M].北京:机械工业出版社,2016.
[16] 张利平.液压阀原理、使用与维护[M].北京:化学工业出版社,2014.

参考网站

[1] http://www.zhubaicheng.com/index/News/info.html? id=472[2022-10-09].
[2] https://www.360kuai.com/pc/9b37e7a912fda1dc1? cota=3&kuai so=1&tj url=so vip&sign=360 57c3bbd1&refer scene=so 1 [2022-10-09].
[3] https://www.sohu.com/a/338916801 752945[2022-10-09].
[4] https://news.bjx.com.cn/html/20191230/1032338.shtml[2022-10-09].
[5] https://news.bjx.com.cn/html/20200520/1074196.shtml[2022-10-09].
[6] https://newenergy.in-en.com/html/newenergy-2365084.shtml[2022-10-09].
[7] https://www.163.com/dy/article/GPRQE4E30521PPSH.html[2022-10-09].
[8] http://www.sasac.gov.cn/n2588025/n2588124/c11566179/content.html[2022-10-09].
[9] http://finance.sina.com.cn/jjxw/2021-12-23/doc-ikyamrmz0730855.shtml[2022-10-09].
[10] https://news.d1cm.com/20210326125745.shtml[2022-10-09].
[11] http://www.dangjian.com/djw2016sy/2016djwsyznlrw/201902/t20190222 5012682.shtml [2022-10-09].
[12] https://www.360kuai.com/pc/93ccdc9ef35038e9f? cota=3&kuai so=1&sign=360 57c3bbd1&refer scene=so 1[2022-10-09].
[13] http://www.360doc.com/content/18/0114/20/4481114 721916111.shtml[2022-10-09].
[14] http://www.doc88.com/p-0711464966999.html[2022-10-09].
[15] https://www.taomingren.com/baike/5005[2022-10-09].
[16] http://lishisxk.com/ls/12386.html[2022-10-09].

[17] http://cpc.people.com.cn/daohang/n/2013/0226/c357214-20605101.html[2022-10-09].

[18] http://china.cnr.cn/xwclj/20201112/t20201112 525326942.shtml[2022-10-09].

[19] https://tech.china.com/article/20201208/20201208668764.html[2022-10-09].

[20] https://tech.china.com/article/20210322/20210322734860.html[2022-10-09].

[21] https://mp.ofweek.com/ee/a145693127186[2022-10-09].

[22] https://baike.so.com/doc/10040692-10552402.html[2022-10-09].

[23] https://www.sohu.com/a/199562874 100008702[2022-10-09].

[24] https://www.mmsonline.com.cn/info/223666.shtml[2022-10-09].

[25] https://www.sohu.com/a/285293768 120065098[2022-10-09].

[26] https://www.163.com/dy/article/EDR99927053718W3.html[2022-10-09].

[27] http://news.cnr.cn/native/gd/20160722/t20160722 522757161.shtml[2022-10-09].

[28] http://acftu.people.com.cn/n1/2019/0925/c67583-31372419.html[2022-10-09].

[29] http://k.sina.com.cn/article 6364254243 17b56d02300100h3pj.html[2022-10-09].

[30] https://sd.ifeng.com/c/8ASrchbDwsR#p=7[2022-10-09].

[31] https://baike.so.com/doc/24233638-25025655.html[2022-10-09].